AI设计
Midjourney
绘画设计教程

王贵财 杜佳佳 王锋 ◎ 编著

人民邮电出版社

北京

图书在版编目（CIP）数据

AI 设计：Midjourney 绘画设计教程 / 王贵财, 杜佳佳, 王锋编著. -- 北京：人民邮电出版社, 2025.

ISBN 978-7-115-66184-5

I. TP391.413

中国国家版本馆 CIP 数据核字第 20256TL151 号

内 容 提 要

本书采用实践导向的教学方法，全方位解析 AI 绘画工具 Midjourney 的精髓与实战技能。

本书共 11 章，第 1、2 章主要奠定基础，引领读者踏上探索 AI 绘画世界的旅程，从 Midjourney 入门指引到基本操作介绍，帮助初学者轻松上手；第 3～6 章主要介绍进阶操作技巧，涵盖 Midjourney 常用命令、Midjourney 常用参数、Midjourney 绘画技巧以及优化 Midjourney 生成的 AI 图像等内容；第 7～11 章主要介绍并展示 Midjourney 在多个领域的创新应用，包括 AI 模型与 Midjourney 协同创作动画故事、Midjourney AI 绘画不同类型提示词的应用实例、常见艺术风格的应用实例、艺术家风格的应用实例及 AI 绘画在生活与商业领域的应用实例等内容。

本书适合 AI 绘画初、中级用户学习，也适合作为各类院校相关专业和 AI 绘画培训班的教材或辅导书，帮助读者借助 AI 创作出独一无二的艺术作品。

◆ 编　著　王贵财　杜佳佳　王　锋
　　责任编辑　韩　松
　　责任印制　陈　犇

◆ 人民邮电出版社出版发行　北京市丰台区成寿寺路 11 号
　　邮编　100164　电子邮件　315@ptpress.com.cn
　　网址　https://www.ptpress.com.cn
　　北京瑞禾彩色印刷有限公司印刷

◆ 开本：787×1092　1/16
　　印张：14　　　　　　　　2025 年 5 月第 1 版
　　字数：281 千字　　　　　2025 年 5 月北京第 1 次印刷

定价：79.00 元

读者服务热线：(010)81055410　印装质量热线：(010)81055316
反盗版热线：(010)81055315

前　言

在如今这个人工智能（Artificial Intelligence，AI）技术迅猛发展的黄金时期，特别是在数字化浪潮的推动下，艺术与 AI 碰撞出了无数创新思维的火花。AI 绘画正以其别具一格的魅力和强大的功能，引领艺术创作步入一个崭新的纪元。其中，Midjourney 不仅是一个高效的 AI 绘画工具，更是艺术家们的创意伙伴与灵感源泉。它能够将用户的文字描述巧妙地转化为生动的视觉图像，从而将抽象思维具象化，为艺术创作带来无限可能。

为什么要写这样一本书

荀子曰："不闻不若闻之，闻之不若见之，见之不若知之，知之不若行之。"此言肯定了实践在学习过程中的核心地位。鉴于此，本书紧密结合实践需求，以 AI 绘画创作为导向，深度融合软件技术与实际应用，旨在帮助读者迅速掌握 Midjourney 的绘画精髓，并在实践中积累丰富的 AI 绘画创作经验，进而提高解决实际问题的能力，提升工作效率。

本书对 Midjourney 绘画进行深入剖析，从基础操作到高级技巧，从单一图像的绘制到完整故事场景的构建，内容详尽且系统。书中不仅涵盖 AI 绘画基础知识、Midjourney 的实战应用、Midjourney 常用命令和参数的灵活运用，还详细解读 Midjourney 的关键命令、绘画技巧、AI 图像优化方法，并进行创意提示和艺术风格的探索。此外，本书还关注 AI 绘画在生活与商业领域的应用等，为读者提供丰富的实践指导，帮助读者解决在学习过程中遇到的常见问题。

通过本书的学习，读者将能够充分发掘 Midjourney 的强大功能，激发无限创意，创作出令人叹为观止的艺术作品。让我们一同踏上这场 AI 绘画的奇妙之旅，探索艺术与科技完美融合的无限可能。

本书特色

- 入门讲解，轻松上手。无论读者是初学者还是资深艺术家，都能从本书中获益，掌握 AI 绘画方法。
- 面向实际，精选案例。本书内容以 AI 绘画实战案例为主线，在此基础上适当扩展知识点，让读者能够学以致用。

- 图文并茂，轻松学习。本书突出重点、难点，并为 AI 绘画实战案例的操作配以对应的插图，以便读者在学习过程中清晰地看到操作的过程和效果，从而提高学习效率。

读者对象

- 对 AI 绘画感兴趣的艺术爱好者和初学者。对于刚开始接触 AI 绘画或对此领域感兴趣的读者，本书提供从入门到进阶的系统指导，以助他们快速入门并掌握 Midjourney 绘画的核心技巧。
- 希望提升 AI 绘画技能的进阶用户。对于有一定 AI 绘画基础的读者，本书的高级技巧和细节精调等内容将帮助他们进一步提升绘画水平，创作出更加精细和富有创意的作品。
- 从事设计、艺术或相关工作的专业人士。本书不仅提供丰富的 AI 绘画技巧，还涉及 AI 绘画在生活与商业领域的应用等方面的内容，对于需要运用 AI 绘画技术从事设计、艺术或相关工作的专业人士来说，具有很高的实用价值。

关于作者

本书由河南工业大学人工智能与大数据学院的硕士生导师王贵财担任主编，他精心撰写第 1～6 章的内容，为读者提供深入浅出的 AI 绘画基础知识与实践指导。河南省地质局地质灾害防治中心的杜佳佳担任副主编，负责第 7～9 章的编写，她的专业见解使得这部分内容更加精准且实用。河南工业大学信息科学与工程学院的王锋副教授负责第 10、11 章的编写，他编写的内容进一步提高了本书的技术深度和应用广度。

在此，特别感谢河南工业大学人工智能与大数据学院的陈学文和周思怡两位同学，他们不辞辛劳地参与本书的文字和图像整理工作，在提升本书的整体质量上做出了重要贡献。最后，感谢各位参与者的家人，正是他们的理解、支持与鼓励，使我们能够专注于编写工作，为读者呈现出一本高质量的 AI 绘画图书。

最后，提请读者注意，虽然 Midjourney 目前有极强的创作能力，但本书中 Midjourney 创作的 AI 作品仍可能存在不合理之处，本书着重介绍 Midjourney 的使用与多种艺术风格的探索，不对图片逐个打磨。

编者

2024 年 11 月

资源与支持

资源获取

本书提供如下资源：

- 本书思维导图
- 异步社区 7 天 VIP 会员

要获得以上资源，您可以扫描下方二维码，根据指引领取。

提交勘误

作者和编辑尽最大努力来确保书中内容的准确性，但难免会存在疏漏。欢迎您将发现的问题反馈给我们，帮助我们提升图书的质量。

当您发现错误时，请登录异步社区（https://www.epubit.com/），按书名搜索，进入本书页面，点击"发表勘误"，输入勘误信息，点击"提交勘误"按钮即可（见下图）。本书的作者和编辑会对您提交的勘误进行审核，确认并接受后，您将获赠异步社区的 100 积分。积分可用于在异步社区兑换优惠券、样书或奖品。

与我们联系

我们的联系邮箱是 contact@epubit.com.cn。

如果您对本书有任何疑问或建议,请您发邮件给我们,并请在邮件标题中注明本书书名,以便我们更高效地做出反馈。

如果您有兴趣出版图书、录制教学视频,或者参与图书翻译、技术审校等工作,可以发邮件给我们。

如果您所在的学校、培训机构或企业,想批量购买本书或异步社区出版的其他图书,也可以发邮件给我们。

如果您在网上发现有针对异步社区出品图书的各种形式的盗版行为,包括对图书全部或部分内容的非授权传播,请您将怀疑有侵权行为的链接发邮件给我们。您的这一举动是对作者权益的保护,也是我们持续为您提供有价值的内容的动力之源。

关于异步社区和异步图书

"异步社区"(www.epubit.com)是由人民邮电出版社创办的IT专业图书社区,于2015年8月上线运营,致力于优质内容的出版和分享,为读者提供高品质的学习内容,为作译者提供专业的出版服务,实现作者与读者在线交流互动,以及传统出版与数字出版的融合发展。

"异步图书"是异步社区策划出版的精品IT图书的品牌,依托于人民邮电出版社在计算机图书领域30余年的发展与积淀。异步图书面向IT行业以及各行业使用IT技术的用户。

目 录

第 1 章　开启 Midjourney 之旅 / 1

- 1.1　Discord 的安装与登录 / 2
- 1.2　加入 Midjourney 社区 / 5
- 1.3　订阅 Midjourney / 12
- 1.4　创建并分享你的第一件作品 / 15
- 1.5　图像优化技巧 / 18
    - 1.5.1　获得高画质图像 / 18
    - 1.5.2　图像的缩小 / 19
    - 1.5.3　图像的扩展 / 21
    - 1.5.4　快速查看自己的作品 / 22
- 1.6　使用 Midjourney 的常见问题 / 23
    - 1.6.1　设置语言 / 23
    - 1.6.2　使用中文提示词 / 23
    - 1.6.3　打造 Midjourney 个人主页 / 24
    - 1.6.4　删除已生成图像 / 25

第 2 章　初步认识 Midjourney / 27

- 2.1　提示词的关键元素 / 28
    - 2.1.1　主体 / 28
    - 2.1.2　风格 / 28
    - 2.1.3　渲染 / 29
    - 2.1.4　参数 / 30

2.2 Midjourney 创作的 5 个核心元素 / 30
    2.2.1 关键词 / 31
    2.2.2 图像视角组成 / 31
    2.2.3 灯光 / 32
    2.2.4 参数 / 33
    2.2.5 图像生成模型 / 33

2.3 基本提示 / 34
    2.3.1 单词提示 / 35
    2.3.2 短语提示 / 35
    2.3.3 图释提示 / 36

2.4 高级提示 / 37
    2.4.1 图像提示 / 37
    2.4.2 提示文字 / 38
    2.4.3 参数 / 39

2.5 下达指令时的注意事项 / 41
    2.5.1 确保指令清晰明确 / 41
    2.5.2 逐步下达指令 / 42
    2.5.3 修正与调整 / 42

第 3 章 Midjourney 常用命令 / 45

3.1 /info：查看个人账号信息 / 46

3.2 /imagine：生成图像 / 46

3.3 /show：利用 Job ID 访问以往生成的图像 / 47

3.4 /describe：分析图像并提供图像提示词 / 48

3.5 /blend：融合两张图像 / 50

3.6 /shorten：精简提示词 / 52

3.7 /settings：调整内置选项 / 54

3.8 /remix：启用混合模式 / 55

3.9 /prefer option set：自定义选项 / 57

3.10 /prefer option list：查看当前自定义选项的设置情况 / 59

3.11 /prefer suffix：设置固定的提示词后缀 / 59

3.12 /ask：提供帮助 / 61

3.13 /help：显示 Midjourney Bot 的执行命令与功能释义 / 61

3.14 /subscribe：查看订阅服务页面 / 62

3.15 /fast：切换至快速模式 / 62

3.16 /relax：切换至放松模式 / 62

3.17 /public：切换至公开模式（默认） / 62

第 4 章　Midjourney 常用参数 / 65

4.1 尺寸调整 / 66

　　4.1.1　--aspect / 66

　　4.1.2　--ar / 66

4.2 删除指定元素：--no / 67

4.3 切换生成的图片模式 / 68

　　4.3.1　--v / 68

　　4.3.2　--niji / 68

　　4.3.3　--style / 69

4.4 画出相似图：--seed / 70

4.5 保持角色的一致性：--cref / 73

4.6 设置图片的艺术化程度：--stylize 或 --s / 74

4.7 生成重复拼接图案：-- tile / 75

4.8 根据图片生成短视频：--video / 75

4.9 调整混乱度：--chaos / 77

4.10 重复生成图片：--repeat 或 --r / 78

4.11 提前结束进行中的 AI 绘画：--stop / 79

第 5 章　Midjourney 绘画技巧 / 81

5.1 多重提示词与权重 / 82

5.1.1 使用 :: 分隔不同的概念 / 82
5.1.2 设置提示词中各部分的权重 / 82
5.2 把图像变成提示指令 / 84
5.2.1 使用单张图片生成图片 / 84
5.2.2 使用多张图片生成图片 / 86
5.3 保存 Discord 上已生成的图 / 87
5.4 更换 Discord 账号头像 / 89
5.5 利用 AI 生成 Midjourney 提示词 / 92
5.5.1 查询艺术专业信息 / 92
5.5.2 使用 AI 模拟角色 / 93

第 6 章 优化 Midjourney 生成的 AI 图像 / 95

6.1 一键快速去除背景 / 96
6.2 图片无损放大 / 98
6.2.1 Clipdrop 的 "Image upscaler" 工具 / 98
6.2.2 Bigjpg 的 AI 人工智能图片放大工具 / 100
6.3 为图像调整光照效果 / 102
6.4 清除图片中的多余元素 / 104
6.5 图片卡通化 / 106

第 7 章 AI 模型与 Midjourney 协同创作动画故事 / 109

7.1 脚本设计 / 110
7.1.1 编写脚本 / 110
7.1.2 脚本翻译 / 110
7.1.3 创作故事 / 111
7.2 生成视频图像 / 112
7.2.1 设置生成图像比例 / 112
7.2.2 缩小图像画面比例 / 112
7.2.3 以图生图 / 114
7.2.4 图像优化 / 115

7.3 使用剪映剪辑视频 / 116

7.3.1 导入素材：将生成的素材图像导入剪映 / 116
7.3.2 导入文本：同步 AI 生成文本与视频 / 118
7.3.3 视频配音：选择合适的旁白声音 / 119
7.3.4 视频拼接：按故事顺序排列场景 / 120
7.3.5 设置关键帧：实现镜头拉近效果 / 121
7.3.6 添加字幕：自动生成视频字幕 / 122
7.3.7 导出视频：把视频导出并保存到计算机 / 124

第 8 章 Midjourney AI 绘画不同类型提示词的应用实例 / 127

8.1 艺术媒介 / 128
8.2 具体化 / 129
8.3 时光旅行 / 131
8.4 情感 / 133
8.5 色彩 / 136
8.6 环境 / 137
8.7 作品风格 / 139
8.8 光线 / 141
8.9 视角 / 143

第 9 章 常见艺术风格的应用实例 / 147

9.1 现代与当代艺术风格 / 148

9.1.1 立体主义风格 / 148
9.1.2 未来主义风格 / 148
9.1.3 抽象风格 / 149
9.1.4 表现主义风格 / 150
9.1.5 波普艺术风格 / 151
9.1.6 极简主义风格 / 152
9.1.7 街头艺术风格 / 153
9.1.8 构成主义风格 / 154

9.1.9 达达主义风格 / 154

9.1.10 超现实主义风格 / 155

9.2 传统与古典艺术风格 / 156

9.2.1 国画风格 / 156

9.2.2 印象主义风格 / 157

9.2.3 新古典主义风格 / 158

9.2.4 巴洛克风格 / 159

9.2.5 哥特式风格 / 160

9.2.6 洛可可风格 / 160

9.3 装饰性与应用艺术风格 / 161

9.3.1 动漫风格 / 161

9.3.2 科技风格 / 162

9.3.3 复古风格 / 163

9.3.4 新艺术风格 / 164

9.3.5 野兽主义风格 / 164

9.4 绘画技法与视觉艺术风格 / 165

9.4.1 水彩风格 / 165

9.4.2 素描风格 / 166

9.4.3 新印象主义风格 / 167

9.4.4 幻想风格 / 168

第10章 艺术家风格的应用范例 / 169

10.1 文艺复兴时期 / 170

10.1.1 莱奥纳多·达·芬奇 / 170

10.1.2 米开朗琪罗 / 171

10.1.3 拉斐尔 / 171

10.2 巴洛克时期 / 172

10.2.1 卡拉瓦乔 / 172

10.2.2 彼得·保罗·鲁本斯 / 173

10.3 浪漫主义时期 / 174

10.3.1　欧仁·德拉克洛瓦 / 174

10.3.2　弗朗西斯科·戈雅 / 175

10.4　现实主义时期 / 176

10.4.1　古斯塔夫·库尔贝 / 176

10.4.2　让 - 弗朗索瓦·米勒 / 177

10.5　印象主义时期 / 177

10.5.1　克劳德·莫奈 / 178

10.5.2　皮埃尔 - 奥古斯特·雷诺阿 / 178

10.6　后印象主义时期 / 179

10.6.1　文森特·凡·高 / 179

10.6.2　保罗·高更 / 180

10.7　立体主义时期 / 181

10.7.1　毕加索 / 181

10.7.2　乔治·布拉克 / 182

10.8　抽象表现主义时期 / 183

10.8.1　杰克逊·波洛克 / 183

10.8.2　马克·罗思柯 / 183

10.9　现代及当代艺术时期 / 184

10.9.1　安迪·沃霍尔 / 184

10.9.2　弗朗西斯·培根 / 185

10.10　灵活运用艺术家风格 / 186

10.10.1　以图生成主人物，背景融入艺术家风格 / 186

10.10.2　使用混合模式与 Vary 功能修改画面 / 189

第 11 章　AI 绘画在生活与商业领域的应用范例 / 193

11.1　食 / 194

智慧食谱配图：根据食谱描述生成相应的食物图像 / 194

11.2　衣 / 195

11.2.1　虚拟时尚设计稿：帮助设计新颖服装款式 / 195

11.2.2　智能搭配建议图：根据用户现有服饰提供搭配建议 / 196

11.3 住 / 196
    11.3.1 3D家居布局图：根据用户需求创建家居布局方案 / 197
    11.3.2 智能家居控制面板设计：帮助控制智能家居系统 / 198

11.4 行 / 199
    11.4.1 智慧交通流分析图：帮助分析和预测交通流量 / 199
    11.4.2 虚拟汽车设计稿：帮助设计新的汽车模型 / 200

11.5 乐 / 201
    11.5.1 虚拟音乐会场景设计：帮助设计音乐会或活动的场景 / 201
    11.5.2 智慧型游戏角色设计：帮助建立和设计游戏中的角色 / 202

11.6 商业展览 / 202
    11.6.1 产品海报设计 / 203
    11.6.2 3C用品及家电展位配置图 / 204

11.7 品牌建设 / 204
    11.7.1 品牌视觉识别系统 / 205
    11.7.2 智能广告设计稿 / 206

11.8 产品开发 / 206
    11.8.1 3D产品原型设计 / 207
    11.8.2 智能手机封面设计 / 208

开启 Midjourney 之旅

在本章中，我们将深入探索 Midjourney 这一基于 Discord 社区的 AI 绘画工具。从 Discord 的安装与登录开始，逐步引导读者加入 Midjourney 社区，设置服务器，并完成必要的授权过程。然后，详细介绍 Midjourney 的订阅服务，包括不同类型订阅服务的收费标准与功能，以及如何订阅 Midjourney 和取消连续订阅服务。最后，通过创建和分享个性化头像的实例，向读者展示如何使用 Midjourney 生成并优化图像，同时解答使用过程中可能遇到的常见问题，确保读者能够顺畅地开启 Midjourney 之旅。

1.1 Discord 的安装与登录

Midjourney 是基于 Discord 社区的 AI 绘画工具，在使用 Midjourney 之前，需要安装并登录 Discord，具体操作步骤如下。

第1步 进入 Discord 官网，在下载界面中，选择要下载的版本，这里单击【Windows 版下载】按钮，如下图所示。

第2步 下载完成，双击"DiscordSetup.exe"文件，即可进入更新界面，如下图所示。

第1章 开启 Midjourney 之旅

> 提示：如果首次安装失败，可以右击"DiscordSetup.exe"文件，在弹出的快捷菜单中选择【以管理员身份运行】选项。

第3步 更新完成，进入【Starting】界面，等待安装，如下图所示。

第4步 安装完成，进入登录界面，如果有 Discord 账号，可以使用已有的 Discord 账号进行登录；如果没有 Discord 账号，单击【注册】按钮，如下图所示。

第5步 打开【创建一个账号】界面，按照提示填写注册信息，填写完成后单击【继续】按钮，如下图所示。

> 提示：单击【继续】按钮后，需要完成人机验证，只需要选择【我是人类】复选框，并根据提示选择验证界面下方的图片即可。

第6步　创建账号时提供的电子邮箱会收到一封验证电子邮件，单击【Verify Email】按钮进行验证，如下图所示。

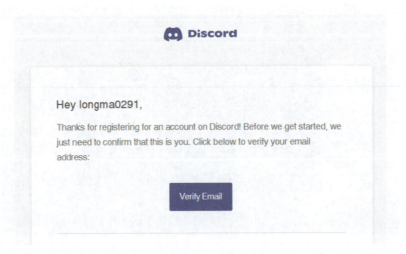

第7步　验证通过后，在弹出的界面中，单击【继续使用Discord】按钮，如下图所示。

第 1 章 开启 Midjourney 之旅

第 8 步　自动登录 Discord 并进入 Discord 主界面，如下图所示。

1.2　加入 Midjourney 社区

成功登录 Discord 后，用户需要进行一些设置才能开始使用 Midjourney 并体验 Midjourney 带来的丰富功能。

1. 将 Midjourney 加入 Discord

要将 Midjourney 加入 Discord，具体操作步骤如下。

第 1 步　进入 Midjourney 官网，单击登录界面下方的【Join the Beta】按钮，如下图所示。

第2步　此时会调用并打开Discord，单击【加入Midjourney】按钮，如下图所示。

第3步　完成人机验证后，将Midjourney加入Discord，如下图所示。

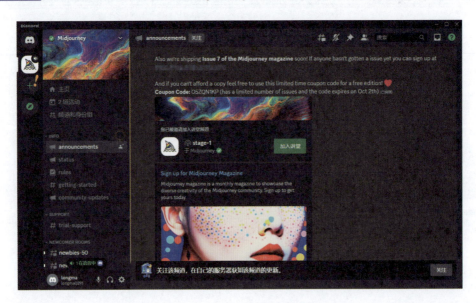

2. 设置服务器

完成上述操作后，还需要设置自己的服务器或加入其他服务器。创建服务器的具体操作步骤如下。

第1步 单击左上角的【+】按钮，如下图所示。

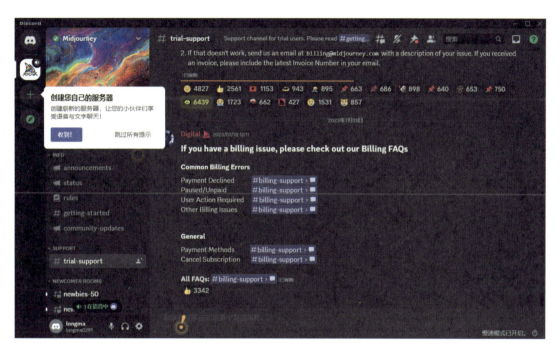

第2步 弹出【创建服务器】对话框，单击【亲自创建】按钮，如下图所示。

第3步 在弹出的对话框中，单击【仅供我和我的朋友使用】选项，如下图所示。

第 4 步　打开【自定义您的服务器】对话框，在【服务器名称】文本框中输入服务器名称，也可以单击【UPLOAD】按钮选择图像以设置服务器图标，设置完成，单击【创建】按钮，如下图所示。

第 5 步　服务器创建完成，如下图所示。

3. 完成授权

此时依然不能使用 Midjourney 生成图片，还需要完成授权，具体操作步骤如下。

第 1 步　单击 Discord 主界面左上角的【私信】按钮，单击【寻找或开始新的对话】

文本框，如下图所示。

[第2步] 弹出【搜索服务器、频道或私信】界面，在文本框中输入"Midjourney Bot"，按【Enter】键，如下图所示。

[第3步] 在 Discord 主界面左侧【Midjourney Bot】选项上单击鼠标右键，在弹出的快捷菜单中选择【个人资料】选项，如下图所示。

第4步　在弹出的界面中，单击【添加至服务器】按钮，如下图所示。

第5步　打开【外部应用程序】界面，在【添加至服务器】下拉列表中选择创建的"longma"服务器，单击【继续】按钮，如下图所示。

第6步　在打开的界面中，单击【授权】按钮，如下图所示。

第 7 步 根据提示,完成人机验证,如下图所示。

第 8 步 成功完成授权,直接单击【关闭】按钮,如下图所示。

第 9 步 在 Discord 主界面左侧单击此前创建的服务器图标,即可开始使用 Midjourney,如下图所示。

1.3 订阅Midjourney

Midjourney不是免费的，仅为新用户提供有限的免费使用次数。Midjourney的订阅服务分为基本计划、标准计划、专业计划和大型计划4种类型，并且可以按月订阅或按年订阅。下表所示为Midjourney不同类型的订阅服务的收费标准。

订阅计费	服务类型	收费标准
按月计费	基本计划	10美元/月
	标准计划	30美元/月
	专业计划	60美元/月
	大型计划	120美元/月
按年计费	基本计划	8美元/月
	标准计划	24美元/月
	专业计划	48美元/月
	大型计划	96美元/月

不同类型的订阅服务的功能如下表所示。

基本计划	标准计划	专业计划	大型计划
✓ 有限生成数量（200次/月） ✓ 一般商业条款 ✓ 访问会员画廊 ✓ 可选信用卡充值 ✓ 3个并发快速作业	✓ 15小时快速生成 ✓ 无限生成数量 ✓ 一般商业条款 ✓ 访问会员画廊 ✓ 可选信用卡充值 ✓ 3个并发快速作业	✓ 30小时快速生成 ✓ 无限生成数量 ✓ 一般商业条款 ✓ 访问会员画廊 ✓ 可选信用卡充值 ✓ 隐藏生成图像 ✓ 12个并发快速作业	✓ 60小时快速生成 ✓ 无限生成数量 ✓ 一般商业条款 ✓ 访问会员画廊 ✓ 可选信用卡充值 ✓ 隐藏生成图像 ✓ 12个并发快速作业

1. 订阅Midjourney

第1步 在Discord主界面下方的文本框中输入"/subscribe pay"，如下图所示，按【Enter】键。

第 2 步　在显示的信息中单击【Manage Account】按钮，如下图所示。

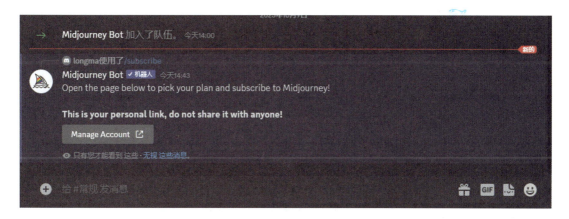

第 3 步　完成人机验证，即可进入【购买订阅】界面，单击要订阅的订阅服务下的【订阅】按钮，如下图所示。

第 4 步　进入订购界面，选择付款类型，可以选择使用银行卡支付或使用支付宝支付，选择后在相关文本框中输入相关信息，单击【订阅】按钮完成订阅。

> 提示：银行卡支付只支持信用卡支付，不支持储蓄卡支付。在选择使用银行卡支付时，订购界面中需要填写的银行卡信息可以在银行卡卡面上找到，例如"月份／年份"信息显示在银行卡正面；"CVC"是银行卡验证码，在银行卡的背面签名栏上方有一串数字，这串数字就是CVC，银行用它来识别银行卡持有人的身份，这里只需要填写这串数字的后三位。支付成功后，会收到提示信息，直接将弹出的消息框关闭即可。

2. 取消连续订阅服务

如果选择按月订阅，则会在每个月自动扣款，如果不想继续订阅，可以取消连续订阅服务，具体操作步骤如下。

第1步 支付成功后，在弹出的消息框中单击【Open subscription page】按钮，如下图所示。

第2步 进入【管理订阅】界面，单击【管理】按钮，在弹出的列表中，选择【取消计划】选项，如下图所示。

第3步 在弹出的对话框中，选中【订阅期结束时取消】单选按钮，单击【确认取消】按钮，如下图所示。

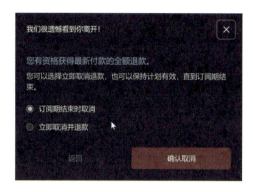

第 4 步　确认取消后，返回【管理订阅】界面，单击【管理】按钮，在弹出的列表中可以看到【取消计划】选项变为【取消取消计划】选项，表明连续订阅服务已经被取消，如下图所示。

1.4　创建并分享你的第一件作品

如果在 Midjourney 界面中还没有上传个性化图像，那么可以创建一个个性化头像作为第一件作品，并分享该作品。

> 提示：在 Midjourney 中绘制图像，可以使用"/imagine"命令，并且需要使用英文提示词，可以借助谷歌翻译、有道翻译、DeepL 翻译等在线翻译软件将中文翻译为英文，也可以借助 ChatGPT、文心一言等 AI 模型将中文翻译为英文。

如果想要选用一个活泼的小男孩形象作为头像，可以借助文心一言将中文要求翻译为英文。

第 1 步　打开文心一言，在其中的文本框中输入中文"将下面这段话翻译为英文 绘制一个可爱的、勇敢奔跑的Q版少年头像"，得到的结果如下图所示。

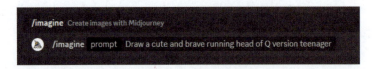

第2步　复制翻译后的英文，在Discord中输入"/imagine prompt"，并将复制的英文粘贴在后面，按【Enter】键，如下图所示。

第3步　稍等片刻，即可生成4张图片，如下图所示。

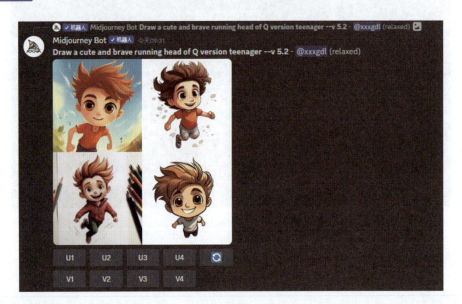

> 提示：可以看到，图片下方有"U1""U2""U3""U4""V1""V2""V3""V4"
> "🔄"（刷新）等标识，其中"U1""U2""U3""U4"分别代表左上角、右上角、左下角、右下角这4张图片，单击对应的按钮可放大查看更多细节；"V1""V2""V3""V4"则表示微调所选图像，单击对应的按钮会生成与所选图像的整体风格和构图相似的图像网格；单击【🔄】按钮会根据提示词生成4张新的图像。

第4步　单击【U4】按钮，稍等片刻，即可显示放大后的图像，如下图所示。

第5步 单击图像，即可放大显示图像，选择【在浏览器中打开】选项，如下图所示。

第6步 在浏览器中查看大图效果，在图像上单击鼠标右键，在弹出的快捷菜单中选择【图片另存为】选项，将图片保存，如下图所示。

第7步 如果想要微调图像，需返回 Discord 进行操作。例如，如果想微调右下角的

图像，可单击【V4】按钮，如下图所示。

第8步　稍等片刻，即可在第4张图片的基础上进行微调，并生成4张类似的图片，如下图所示。

> 提示：可以根据需要重复上面的操作，不断微调图片，直到达到满意的效果。

1.5　图像优化技巧

下面介绍几个图像优化技巧，采用这些技巧可以创建出满足自己需求的作品。

1.5.1　获得高画质图像

当生成的作品满足需求时可以将其保存，具体操作如下。画作下方看到【U1】~【U4】

的 4 个按钮，它们对应 4 张生成的图像，如果喜欢左下角图像，单击【U3】按钮即可获得该图像的高画质版本。生成高画质图像后通过在图像上单击鼠标右键并在弹出的快捷菜单中选择【保存图片】命令，便可将图像保存至指定位置。

作品下方还有以下按钮，这里进行简要说明。

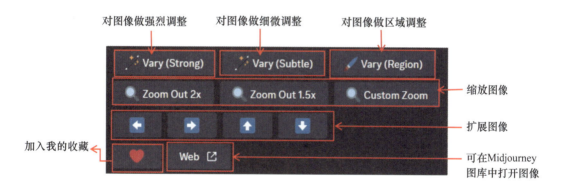

1.5.2　图像的缩小

Zoom Out 指在不改变原始生成图的情况下，放大画布的比例使其缩小。通常单击【U1】~【U4】按钮取得高画质图像时就可以在画面下方看到以下 3 个按钮。

以下面左侧的原始生成图为例，单击【Zoom Out 2x】按钮，生成的图像中就可以看到周围环境。

原始生成图　　　　　　　　　　Zoom Out 2x 的结果

如果单击【Custom Zoom】按钮，会打开【Zoom Out】对话框，在该对话框中，除了修改画面宽高比值和缩小比例外，还可以加入想要的新内容。

第1步　在【Zoom Out】对话框中的文本框中修改提示词为"a woman sitting next to"（一个女人坐在旁边），修改宽高比为"16∶9"，设置缩小为原来的1/2，修改完成后单击【提交】按钮，如下图所示。

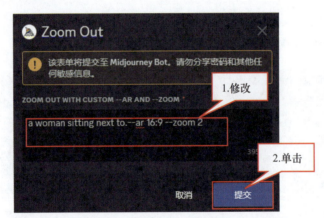

第2步　在生成的缩小图像中会看到有女人坐在桌子旁边，如下图所示。

1.5.3 图像的扩展

在生成图像下方单击【U1】~【U4】按钮取得高画质图像后,图像下方会出现以下 4 个按钮,利用这 4 个按钮可以往左、往右、往上、往下扩展图像,如下图所示。

图像的扩展技巧很简单,选择往左做无缝扩展弹出窗口,输入提示词,这里的提示词为"Dressing table"(梳妆台),单击【提交】按钮,就会将下图中的女孩图像衔接至梳妆台图像一角。

第1步 单击 ⬅ 按钮往左扩展图像,如下图所示。

第2步 设置想要延伸的画面内容,在【Zoom Out】对话框中的文本框中输入"Dressing table"(梳妆台),单击【提交】按钮,如下图所示。

第3步 图像无缝扩展至梳妆台图像一角,如下图所示。

1.5.4 快速查看自己的作品

目前使用 Midjourney 构建画作的用户众多,因此发布命令后,由于其他用户频繁更新,可能需要在频道中花费很长时间寻找自己的作品。实际上,可以通过 Discord 主界面右上角的【收件箱】来快速查看自己的作品,但需要注意的是,收件箱只保留最近 7 天的消息。

第 1 步 　单击【收件箱】按钮，开启收件箱，如下图所示。

第 2 步 　在弹出的【收件箱】中，单击【提及】按钮，即可看到自己发布命令后创建的作品，如下图所示。

1.6 使用 Midjourney 的常见问题

在使用 Midjourney 的过程中，即便是经验丰富的创作者也可能遇到一些难题或疑问，下面列举了一些常见的问题。

1.6.1 设置语言

Midjourney 支持多语言操作功能，拥有包括简体中文在内的多种语言选项。用户若需更改语言设置，可通过单击 Discord 主界面左下角的 ⚙ 按钮进入设置界面，再切换到【语言】界面来进行语言设置。这一设计确保拥有不同语言背景的用户都能以其熟悉的语言使用 Midjourney，从而提供更加个性化和便捷的用户体验。

第 1 步 单击 Discord 主界面左下角的 ⚙ 按钮进入设置界面，如下图所示。

第 2 步 切换到【语言】界面选择语言，然后单击【ESC】按钮离开设置界面。

1.6.2 使用中文提示词

Midjourney 提示词支持使用多种语言（包括简体中文），但是使用英文可能会更好，因为机器人长时间在英文环境中进行训练，所以使用英文提示词生成的结果会更符合要求。例如，分别使用相同含义的中文提示词和英文提示词生成的结果可能完全不同，下图为中英文提示词的对比。

中文提示词　　　　　　　　　　　　　　　　英文提示词

1.6.3 打造 Midjourney 个人主页

每个用户都可以在 Midjourney 中打造专属于自己的个人主页。个人主页不仅可以展示个人的创作，还可以分享个人的信息。Midjourney 提供了多种模板和自定义的选项，来帮助用户建立一个独特的个人主页。

第 1 步 在 Midjourney 主界面中，单击【Sign In】按钮，进行登录，如下图所示。

第 2 步 弹出授权对话框，单击【授权】按钮，如下图所示。

第 3 步 界面中即可显示个人主页及用户的作品，如下图所示。

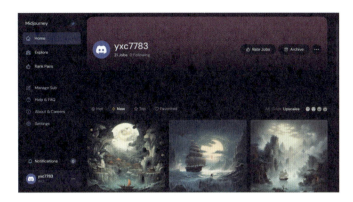

在 Discord 社区中通过单击 Midjourney 生成的图像下的【U1】～【U4】按钮获取的高画质图像将显示在个人主页上。在个人主页中，用户可以单击图像缩略图放大作品以进行查看，也可以下载和保存图像，或者获取图像任务 ID 进行更多操作。

此外，在个人主页下方用户还可以看到与用户画作相似的相关图像，帮助用户了解其他用户所下达的命令。单击这些图像后的界面如下图所示。

1.6.4 删除已生成图像

如果用户想要删除已生成的图像，可以通过以下方法操作。

第 1 步 在 Discord 社区中找到图像，在图像上单击鼠标右键，在弹出的快捷菜单中选择【添加反应】命令，然后选择【显示更多】选项，如下图所示。

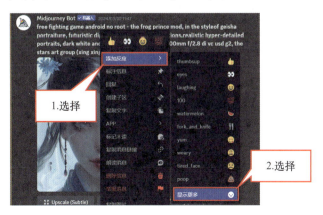

第 2 步　在文本框中输入"x",然后选择 ✖ 按钮,即可删除该图像,如下图所示。

如果在 Midjourney 个人主页中看到不满意的生成图而想要将其删除,可以通过以下方法操作。

第 1 步　将鼠标指针移到图像上,在出现菜单时,选择【Open in】→【Open in Discord】命令,如下图所示。

第 2 步　此时会显示 Discord 社区原始生成图,在画面上单击鼠标右键,在弹出的快捷菜单中选择【添加反应】→【显示更多】选项,进行删除即可,如下图所示。

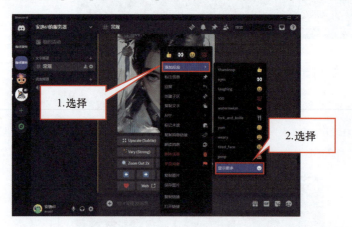

第2章

初步认识 Midjourney

本章探讨 Midjourney 的基础概念和操作。首先，详细解析提示词的关键元素，这是理解和运用 Midjourney 的基础；然后，介绍 Midjourney 创作的 5 个核心元素、基本提示与高级提示的使用技巧，以及下达指令时的注意事项。只有逐步掌握这些内容，读者才能够更熟练地运用 Midjourney 创造出令人印象深刻的图像作品。

2.1 提示词的关键元素

在 AI 绘画领域中,提示词扮演着至关重要的角色,它犹如一位导演,指导 AI 如何创作一幅画作。通过巧妙且恰当地组合"主体""风格""渲染""参数"四大关键元素就可以构建出多种多样的绘画提示词,从而引导 AI 创作出符合预期效果的艺术作品。下面深入分析这四大关键元素并借助具体实例来阐述其应用效果。

2.1.1 主体

构建提示词应首先确立绘画"主体",也就是画作的核心主题或对象。主体可以是具体事物,如"苹果""房子"等,也可以是抽象概念,如"爱情""孤独"等。举例来说,创作一幅"梦幻"风格的作品,主体设置为"山屋",如下图所示。

> **提示词** Dreamy mountain house.(中文:梦幻的山屋。)

2.1.2 风格

"风格"指画作整体风格和氛围,通过指定特定的艺术流派或画家风格来呈现,如"印象主义""立体主义""凡·高式"等。例如,指定风格为"印象主义",生成的绘画就具有印象主义的特色(笔触轻松和色彩明亮),如下图所示。

> ↘ **提示词** Impressionism style dreamy mountain house.（中文：印象主义风格的梦幻山屋。）

2.1.3 渲染

"渲染"决定画作的具体表现技巧和视觉质感。可以在提示词中指定颜料类型（如油画或水彩）、采用的绘画技法（如粗糙或细腻），甚至画布材质等。以梦幻山屋为例，选择"水彩"作为渲染方式，如下图所示。

> ↘ **提示词** Dreamy mountain house in watercolor style.（中文：水彩画风的梦幻山屋。）

2.1.4 参数

"参数"涵盖一些更具体的要求或设置，如色彩配置、空间布局、光源设置等，可以帮助用户更细致地控制画作的各个方面。例如设置"电影镜头"营造电影感，并要求采用"柔和光源"增强画面梦幻感，如下图所示。

> ↘ **提示词** A mountain house under soft lighting and cinematic lenses.（中文：柔和光源和电影镜头下的山屋。）

总而言之，通过"主体""风格""渲染""参数"四大关键元素构建提示词能具体化想法并引导 AI 创作出符合预期效果的艺术作品。就像例子中的梦幻山屋，通过细心设置各项关键元素就可以创作印象主义风格或水彩画风的艺术作品。

2.2 Midjourney 创作的 5 个核心元素

在使用 Midjourney 进行创作的过程中，有 5 个核心元素尤为关键。这些元素包括关键词、图像视角组成、灯光、参数和图像生成模式。了解这些元素如何影响最终作品是创作出出色图像的关键。

2.2.1 关键词

在使用 Midjourney 进行创作的过程中，关键词反映用户的初步想法和概念，它就像是打开创作之门的钥匙。使用准确且具有代表性的关键词可以更精确地指导 AI 捕捉用户的想法。

例如，如果用户期望创作一幅展现秋天景色的画作，如下图所示，可以采用"秋天""落叶""黄昏"等作为关键词。这些关键词不仅能够帮助系统理解作品所需的背景和氛围，还能够明确表达出作品的主题。

> ↘ **提示词** The train travels through a maple forest in autumn.（中文：火车在秋天穿越枫树林。）

选择关键词不仅是挑选一些与主题相关的词，更重要的是对主题进行深入理解和分析，以便找出能够揭示其特性和氛围的词。

2.2.2 图像视角组成

图像视角组成（Composition）是构图的核心，它能够决定画面布局和视觉效果。良好的视角会使画面显得张力十足，而较差的视角则会使画面显得平淡无奇。

例如，如果用户想要绘制一幅展现山间河流的画作，可以考虑使用"鸟瞰视角"呈现河流蜿蜒流过的全貌；或用"蛙瞰视角"凸显河流的细节，如下图所示。

> ↘ 提示词　Bird's eye view of the Three Gorges of the Yangtze River.（中文：鸟瞰长江三峡。）

构图阶段可以考虑在图像中引入"黄金比例"，或利用"三分法则"创作更加均衡、和谐的画面。

2.2.3　灯光

灯光（Lighting）是营造画面氛围和强调图像重点区域的强大工具，可以说是绘画的灵魂，良好的灯光设计可以让画面更加生动和立体。本小节将介绍如何运用灯光来增强图像。

用户可以使用"暖光"营造舒适和温馨的氛围，或使用"冷光"给人一种清冷和神秘的感觉。除此之外，用户也可以利用"侧光"强调对象的质感和立体感。相关图片如下图所示。

> **提示词** Floor-to-ceiling windows provide oblique light into the restaurant.（中文：光线透过落地窗斜射入餐厅。）

2.2.4 参数

参数（Parameter）是用户微调作品的工具，允许用户控制各种细节，包括宽高比例、美学风格、图像变化程度等，帮助用户更精确地表达心中所想的画面。例如，如果预设画面宽高比例为 1∶1，用户可以通过"--ar"参数自行调整画面宽高比例，如下图所示。

宽高比例为 1∶1 的画面　　　　　　　　用"--ar 4∶7"生成的画面

参数调整是一个不断试错的过程，用户通过不断微调参数逐步生成理想画面。

2.2.5 图像生成模型

图像生成模型（Model）是整个制图过程的基石，涉及 AI 如何解读用户提供的各种指令和参数来创作画面。用户需要对不同的图像生成模型有一定的了解，以便选择最符合自身需求的模型。

用户可以使用不同模型来观察它们如何影响最终作品并根据自身需求选择最适合的模型。使用相同提示词"A girl stands on a pirate ship"（一个少女站在海盗船上），但是分别选用 Niji 模型和 Midjourney v 5.2 模型生成的作品的风格完全不同，如下图所示。

A girl stands on a pirate ship --niji

A girl stands on a pirate ship --v 5.2

总而言之,深入理解 Midjourney 创作的 5 个核心元素,对于构建出色的图像至关重要。每个元素都扮演着不可或缺的角色,它们相互协作,共同塑造出引人入胜的视觉艺术作品。通过本节的引导,用户能够更好地掌握绘画方法,并创作出心中理想的图像作品。

2.3 基本提示

在 AI 绘画领域中,基本提示(Basic Prompt)是用户与绘画系统沟通的起点,是整个创作过程的基础。基本提示可以简洁到一串图释、一段短语，甚至是一个单词。本节深入剖析这 3 种提示类型的特点及其应用方法，旨在帮助用户更准确地表达自己的创意思维，并将这些思维转化为精美的视觉艺术作品。

2.3.1　单词提示

单词提示是最基本、最直接的提示类型。通过一个或多个单词，用户可以快速向 AI 表达自己的基本想法或主题。

例如，用户使用"夕阳"单词指导系统创作一幅以夕阳为主题的作品。但是，这样的提示可能获得较模糊的结果。要获得更精确的结果，用户可以组合使用多个单词，比如"夕阳＋海滩"，这样系统会创作出夕阳下海滩的景象，如下图所示。

↘ **提示词**　sunset+beach（中文：夕阳＋海滩）

单词提示的关键是找到能够清晰、准确地表达用户想法的单词，并应尽可能做到单词少而精。在实际操作中，可以从基本概念开始逐步添加更多单词来丰富和细化作品。

2.3.2　短语提示

相较于单词提示，短语提示可以提供更详细的信息，从而使用户的画面更加具有深度和层次感。

举例来说，如果想要获得一幅展现平静夜晚的画面，用户可以使用短语"月光下的宁静湖泊"来指导 AI。这样的提示不仅传达景物（湖泊）和时间（夜晚）信息，还包含气氛（宁静）和光源（月光）元素，使得整个画面更具情感深度，如下图所示。

> ↘ **提示词**　Quiet lake under moonlight.（中文：月光下的宁静湖泊。）

用户可以通过多次尝试来找到最能够表达自己创作意图的短语。一旦用户掌握了使用短语提示的技巧，就能够创作出更具描述性和情感深度的画面。

2.3.3　图释提示

图释提示是一种更加抽象和直观的提示方式，可以用来传达特定的情绪、概念或氛围，并将这些元素融合到用户的图像中。

例如，用户可使用😊指导系统创作一幅快乐和温暖的画面，还可以组合使用多个图释，如🌀+🚀+😮，创作一幅航天员在太空中的画面，如下图所示。

> ↘ 提示词　🌀 + 🚀 + 😮

然而，使用图释提示存在一定的挑战性，因为它们通常更抽象。因此，建议用户使用时应保持开放心态并预期可能会得到一些出人意料的、富有创意的结果。

简而言之，通过使用单词、短语和图释作为基本提示，用户不仅可以引导 AI 创建符合其想法的图像，还可以发掘无限的创意潜力。使用这些工具，用户可以自由探索创意空间，并将想象力转化为精美的艺术作品。在这个过程中，要勇于尝试各种不同的组合和提示方法，并享受创作之旅。

2.4 高级提示

本节将会进一步探讨如何利用更多元的方法引导系统创作出复杂而有深度的图像作品。高级提示（Advanced Prompt）包含图像提示、提示文字及参数 3 个主要部分，利用三者，用户可以更深层次地控制与创造作品。

2.4.1 图像提示

图像提示是一种直观而强大的工具，它让用户能够利用一张已存在的图像来引导 AI 创造出新的艺术作品。用户可以上传一张具有特定风格或主题的图像，让系统基于该图像的风格和元素进行创作。

举例来说，提供一张戴有凤冠的神像照片，指导 Midjourney Bot 创作一幅国画风格（Traditional Chinese Painting Style）的融合该华丽装饰元素的新作品，得到下面的画面效果。

以图生图

用户可以提供一张具有特定画家风格的画作，指导系统创作一幅符合该风格的原创画作。当然，用户也可以提供多张照片，将多个元素或多种风格融合到一个作品中，创造出独特的画面，这种方法不仅增强了画作多元性，还开拓了创新的无限可能。

2.4.2 提示文字

提示文字让用户可以更细致地描述想要呈现的画面。用户通过写下具体的描述或故事，让系统理解并创作出符合自己预期的作品。

例如，用户描述一个场景："在一个神秘的森林里，夜晚的月光透过树叶洒下，远处有一只神秘的生物静静窥探。"AI 根据用户的描述，创作出具有故事感和深度的画面，如下图所示。

> **提示词** In a mysterious forest, the moonlight shines through the leaves at night, and a mysterious creature is quietly spying in the distance.（中文：在一个神秘的森林里，夜晚的月光透过树叶洒下，远处有一只神秘的生物静静窥探。）

提示文字不仅可以描述场景，还可以描述特定风格或情感，让作品更具个性和生命力。用户可以引导 AI "用弗朗茨·马尔克的表现主义风格来描绘一个欣欣向荣的春天。"通过这种方法，用户可以创作出具有特定画家风格的作品。

> **提示词** Use Franz Marc's Expressionist style to depict a flourishing spring.（中文：用弗朗茨·马尔克的表现主义风格来描绘一个欣欣向荣的春天。）

2.4.3 参数

通过高级参数设置，用户可以微调各种细节（如颜色平衡、对比度或线条粗细等）实现理想的效果。

例如，想要一幅使用高对比度和冷色调来表现夜晚孤独感的画面，可以以"Create a picture that uses high contrast and cool colors to express the loneliness of the night."为提示词。AI 将会根据提示词生成 4 张画作，如下图所示。

未加入"Add snow drift effect"参数

接着选用【Remix】模式,单击【V4】按钮并在提示词中添加"Add snow drift effect"(加入飘雪的效果),提交后就会以V4图为基础,生成4张飘雪画面,如下图所示。

加入"Add snow drift effect"参数

参数不仅可以用来控制视觉元素,还可以用来调整作品结构和布局,让用户能够创造出具有特定风格或感觉的作品。换句话说,高级提示开辟了更广阔的创作空间,让用户能够通过多种方式引导 AI 创造各种作品。通过图像、文字提示和参数的深度应用，AI 能更准确地捕捉用户创意并创造出令人惊叹的作品。这不仅是一种技术，更是一场艺术创作革命，让人类与 AI 共同创造出精彩的作品吧！

2.5 下达指令时的注意事项

在 AI 绘画过程中，针对实际需求下达具体、有针对性的指令非常重要。本节详细探讨向 Midjourney 下达指令时的注意事项，帮助用户轻松、顺利地将想法转化成具体图像。

2.5.1 确保指令清晰明确

用户在输入指令时的首要任务是确保指令清晰明确，不仅要说明想要呈现的对象，还要说明画面风格、氛围和细节等。

例如，用户想画一座山，可以将需求细化为"画一座秋天的山。夕阳把天空染成橙色，山上的树木变得金黄。"这样的指令可以让 AI 更清楚用户的创意，进而绘制出更符合用户期望的画面，如下图所示。

> ↘ **提示词** Draw a mountain range in autumn. The setting sun dyes the sky orange and the trees on the mountain are turning golden.（中文：画一座秋天的山。夕阳把天空染成橙色，山上的树木变得金黄。）

2.5.2 逐步下达指令

一步到位的方式并非总是最佳途径，用户可以通过逐步下达指令的方式来逐一构建图像的元素。通过这种方式，用户能够掌控整个创作过程，并在每个阶段对图像进行微调，从而确保最终成品符合期望。

例如，先要求画一个空房间，在 AI 绘出基本框架后，再指导 AI 加入蓝色沙发，最后加入华丽水晶灯，如下图所示。

| The Blank Room | Blue Sofa | Gorgeous Crystal Lighting |

2.5.3 修正与调整

即便提供了清晰明确的指令并采用了逐步下达指令的方式，生成的图像也有可能与用户的预期存在偏差。此时，修正与调整就变得至关重要。

如果 AI 生成的图像在颜色方面未能达到用户期望，用户可以具体指出需要调整的部分。比如，用户希望将图像上方的背景颜色从蓝色更改为白色，则可以在提示词中添加"white background"（白色背景），AI 据此将背景更改为白色背景，如下图所示。此外，用户也可以提出更全面的修正建议以确保最终成品能够完全满足用户的视觉预期。

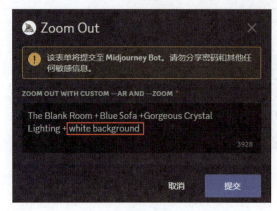

进行画面修正

显示背景修正结果

精通 Midjourney AI 绘画工具的关键在于掌握下达指令的技巧。通过细致关注画面的每个细节、采取逐步下达指令的方法和实时进行修正与调整，用户能够创作出符合自己预期效果的艺术作品。请记住，这一过程不仅是技术的应用，更是艺术创作活动。用户应持续尝试、调整和优化，以充分挖掘 AI 绘画工具的潜力，打造出独特的作品。

Midjourney 常用命令

本章通过 Discord 社区提供的 Midjourney 常用命令与 Midjourney Bot 沟通。通过这些命令，生成更符合期望的画面效果。

3.1 /info：查看个人账号信息

执行"/info"命令能够查看个人账号信息。利用该命令能够随时了解账号状态，以便更好地规划执行方式。

第1步 在文本框中输入"/"，选择弹出列表中的"/info"命令，如下图所示，然后按【Enter】键。

第2步 此时会显示个人账号信息，如下图所示。

在上图中，"Your info"之后显示用户名称，而"Subscription"部分则显示用户的订阅计划及续费时间。"Visibility Mode"是可见模式，包括【Public】（公开）和【Stealth】（隐身）两种选项。默认可见模式为公开，只有订阅 Pro Plan（专业计划）或更高级别的用户才能设置为隐身。另外，"Fast Time Remaining"显示快速模式下的剩余时间，而"Lifetime Usage"则代表用户执行量。"Relaxed Usage"是放松模式下的用户执行时间。

3.2 /imagine：生成图像

执行"/imagine"命令能让 Midjourney Bot 根据用户下达的命令或提示生成图像。利用该命令有助于将用户脑海中的场景、物体或概念转化为视觉图像。借助此命令，在进行艺术创作或快速原型设计时，用户能轻松创建出符合自己预期的图像。

在 1.4 节中，我们已经学习了如何执行"/imagine"命令，在此不赘述。

3.3 /show：利用 Job ID 访问以往生成的图像

执行"/show"命令能够利用特定 Job ID 访问以往生成的图像。该功能极具便利性，允许读者随时回顾和检索过去的作品并修改或添加参数，而无须从头开始。但是，此功能仅能利用自己生成图像的 Job ID，无法利用他人生成图像的 Job ID。

执行"/show"命令之前，读者必须在 Midjourney 首页登录个人账户，以便获取以往生成的图像的 Job ID。因此，在 Midjourney 首页中单击【Sign In】按钮，授权后进入个人主页。

第 1 步　在 Midjourney 个人主页，将鼠标指针移动到要使用的图像上，单击【…】按钮，在弹出的菜单中选择【Copy】→【Job ID】选项，如下图所示。

第 2 步　返回 Discord 社区个人服务器，在文本框中输入"/show"，并在其中粘贴复制的 Job ID，如下图所示。

第 3 步　此时即可获取原先创作的图像，然后可通过单击图像下方的按钮查看不同

的图像效果，如下图所示。

3.4 /describe：分析图像并提供图像提示词

执行"/describe"命令能够上传图像到 Midjourney Bot 并对其进行分析以提供相应图像提示词。该功能不仅有助于读者更深入地理解图像细节，还可作为创作辅助工具，通过系统提供的图像描述词激发用户的创作灵感。

下面以上传本地图像为例，要求 Midjourney 列出该图像可能包含的提示词。

第1步 在文本框中输入"/"，选择弹出列表中的"/describe"命令，然后按【Enter】键，如下图所示。

第2步 单击下图中的上传按钮，或将图像拖曳至方框处。

第3步 弹出【打开】对话框，在其中选择要上传的图像，然后单击【打开】按钮，如下图所示。

第 3 章 Midjourney 常用命令

第 4 步　上传好的图像如下图所示。

第 5 步　按【Enter】键，Midjourney 会列出 4 组提示词及一些按钮，如下图所示。单击【Imagine all】按钮，即会显示 16 张图像。

用户可将 Midjourney 提供的提示词复制到翻译网站中进行翻译，以便更好地理解其含义。用户可以根据实际需求选择最合适的提示词生成图像。此外，用户还可以编辑 Midjourney 提供的提示词，并添加其他参数，再单击【Imagine all】按钮，让系统根据提示词生成相应图像，如下图所示。

第一组　　　　　　　　　第二组

第三组　　　　　　　　　第四组

3.5 /blend：融合两张图像

执行"/blend"命令能够将两张图像融合成一张全新图像，该操作不仅能够创造独特的视觉效果，还可激发意想不到的创意灵感。该命令允许用户将两个不同的元素合为一体，进而创造出全新的视觉艺术作品。该功能提供了一个新的可能，便于创作者更加自由地探索和创造艺术作品。

下面以下方两张图像为例,讲述 Midjourney 如何实现图像融合。

具体操作步骤如下。

第1步　在文本框中输入"/blend"后,会显示下图所示的两个图像上传区域。

第2步　将图像拖曳到图像上传区域,然后按【Enter】键,如下图所示。如果要融合 3 张以上图像,依次上传即可。

第3步 此时即可生成融合的效果图像，如下图所示。

3.6 /shorten：精简提示词

执行"/shorten"命令能够将冗长提示词精简，使其更加简洁明了。该功能有助于用户快速获取核心信息，避免冗长文本的干扰，简而言之，能够提高获取所需答案或信息的效率。

> ↘ **提示词：** Describe a multi-level, spectacular, high mountain and canyon, surrounded by winding streams and rivers at the foot of the mountain, with a magnificent castle built at the top of the mountain, completed with towers, ramparts, and a fairytale-like mystical atmosphere surrounded by clouds and smoke.

中文：描述一个多层次、壮观的高山和峡谷，山脚下有蜿蜒的小溪和河流，山顶处有一座宏伟的城堡，城堡配有高塔、城墙，云烟缭绕，营造出一种童话般的神秘氛围。

采用"/shorten"命令精简上述提示词，得到以下5组较为简洁的提示词，如下图所示。

在"Important tokens"中,粗体单词为关键词,删除单词为无用词,用户可根据需求单击精简后的提示词对应的数字按钮。

对 AI 精简后的提示词进行审慎考虑,从中选择一组希望执行的提示词。例如,单击 1 按钮,将会出现提示框,单击【提交】按钮,系统根据用户的选择生成相应效果,如下图所示。

3.7 /settings：调整内置选项

执行"/settings"命令能够迅速访问 Midjourney 设置页面，从而调整多种内置选项。利用该功能，用户可以根据自己的需求和喜好自定义 Midjourney 操作环境，使 Midjourney 执行体验更加个性化和便捷，并能优化各项服务执行效率。

在指定文本框内输入"/settings"命令并按【Enter】键后会显示如下界面。

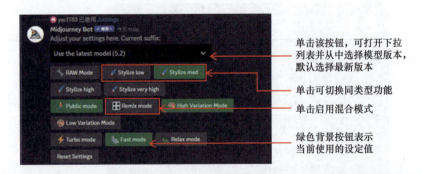

在模型版本选择方面，默认推荐执行最新的 Midjourney V5.2。此外，用户还可以选择 V5.1 和 V5.0。Niji Model V5 适用于动漫图像生成。用户应根据具体需求选择合适的模型版本。

按照一般规则，用户可通过单击相应按钮切换同类型功能。例如，【Stylize】功能用于调整生成图像时的艺术风格强度。其中,【Stylize low】代表较低强度,【Stylize med】代表中等强度。此外,用户还可以选择【Stylize high】【Stylize very high】两种较高强度设置。同时,为满足用户对变化强度的不同需求,系统还提供【High Variation Mode】【Low Variation Mode】两种模式供用户切换。

Basic Plan(基本计划)用户只能执行【Fast mode】(快速模式),而只有更高级别的用户才能选用【Relax mode】(放松模式)或【Turbo mode】(极速模式)。同样,对于【Public mode】(公开模式),只有订阅专业计划或更高级别的用户,才可设置为【stealth】(隐身模式)。单击【Reset Settings】按钮可恢复这些设置值为默认值。

除了可以执行"/settings"命令来调整内置选项外,还可以通过在文本框中输入"/"并从弹出的菜单中选择特定命令来配置这些设置。例如,选择"/prefer variability"命令,如下图所示,按【Enter】键,即可关闭当前设置的【High Variation Mode】功能,并切换到【Low Variation Mode】,反之亦然。

3.8 /remix:启用混合模式

执行"/remix"命令能够启用 Midjourney Bot 的混合模式。在此模式下,Midjourney Bot 将协助用户开展更具创意和自由度的对话或创作活动,并能够生成更加新颖且带有一定实验性的回复和建议,为对话或创作过程增添惊喜和新鲜感。

启用混合模式有两种方式:一种是在"/settings"画面中单击 Remix mode 按钮;另一种是直接执行"/remix"命令。具体操作步骤如下。

第1步 在文本框中输入"/remix"命令,然后在弹出的列表中选择"/prefer remix"命令,按【Enter】键确定,如下图所示。

第2步 如下图所示,可以看到已启用混合模式,即显示了"turned on"。

在混合模式启用后，用户有权在图像的多个变体 V1、V2、V3、V4 中编辑提示词。同时，在混合模式激活时，相应按钮变为绿色。以下是该模式的一些使用技巧。

第1步 生成图像后，单击对应图的按钮，如这里单击【V4】按钮，如下图所示。

第2步 弹出【Remix Prompt】对话框，修改提示词，此处将比例（--ar）修改为"--niji"参数，然后单击【提交】按钮，如下图所示。

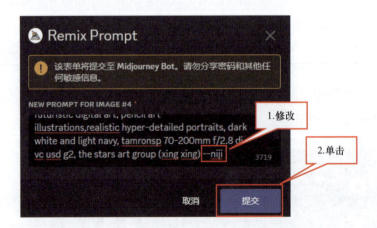

第3步 此时，即可以选中的人物图像为基准，生成具有动漫效果的人物图像，效果如下图所示。

在混合模式下，Midjourney Bot 能提供更具创意和实验性的回答，无论在探索新的思维方向上，还是在尝试不同创作手法上，Remix 模式都能提供诸多帮助和灵感。若希望关闭此功能，请再次执行"/remix"命令。

3.9 /prefer option set：自定义选项

/prefer option set 是用于在 Midjourney 平台上自定义选项的命令。通过此命令，用户可以轻松更改和设置个人偏好，使平台生成更符合自身需求和喜好的图像。用户可以通过它选择和调整多个选项以优化执行体验。

例如，Midjourney 默认的画面比例是 1：1，并且它采用最新模型生成图像。在实际工作中，用户普遍倾向于使用 16：9 的宽高比进行创作，并对动漫风格的人物和场景表现出浓厚的兴趣。如果不希望每次在输入提示词时都添加"--ar 16：9 --niji"参数，请执行"/prefer option set"命令设置常用参数，从而简化工作流程。

第1步　在文本框中输入"/prefer op"，在弹出的列表中选择"/prefer option set"命令，然后按【Enter】键，如下图所示。

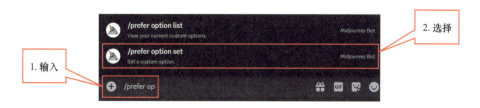

第2步　选择显示的【value】选项，在文本框中输入"mine"，然后单击【增加 1】按钮，如下图所示。

第3步　在显示的文本框中输入参数，如下图所示。

第4步　按【Enter】键进行确认，此时即可看到显示的"--ar 16∶9 --niji"自定义选项，如下图所示。

参数设置完成后，若在命令后增加"--mine"参数，系统将自动将其转换为"--ar 16∶9 --niji"参数组合。具体实现方式如下。

第1步　在文本框中输入参数，如下图所示。

第2步　按【Enter】键，此时生成画面上方自动显示"--ar 16∶9 --niji"，其生成图像也自动使用 niji 模型和 16∶9 比例，效果如下图所示。

3.10 /prefer option list：查看当前自定义选项的设置情况

/prefer option list 命令旨在协助用户查看当前自定义选项的设置情况。用户通过快速了解当前自定义选项的设置情况，能够更好地调整个人执行环境，并随时掌握偏好设置状态。这将有助于提升执行体验，确保需求得到满足。

第1步 在文本框中输入"/"，在弹出的列表中，选择"/prefer option list"命令，如下图所示。

第2步 按【Enter】键，此时即可看到自定义选项的设置情况。

3.11 /prefer suffix：设置固定的提示词后缀

/prefer suffix 命令允许用户设置一个固定的提示词（Prompt）后缀。每当用户输入提示词时，系统自动在该提示词后增加此后缀，以协助提供更为精确或个性化的回应。此功能旨在减少用户重复输入相同后缀的烦琐步骤，使对话流程更加顺畅。

第1步 在文本框中输入"/"，在弹出的列表中，选择"/prefer suffix"命令，如下图所示。

第2步 按【Enter】键，选择【new_value】选项，如下图所示。

第 3 步　在文本框输入固定使用的参数，这里以 16∶9 比例为例，如下图所示。

第 4 步　此时即设置好了固定的提示词后缀，如下图所示。

在完成上述配置之后，用户在输入提示词后仅需按【Enter】键，系统便会自动添加"--ar 16∶9"参数，如下图所示。

设置好后缀后，如需将其删除，请重新执行"/prefer suffix"命令完成删除操作。

第 1 步　选择"/prefer suffix"命令，如下图所示。

第 2 步　按【Enter】键，此时即可看到提示后缀已删除的信息，如下图所示。

3.12 /ask：提供帮助

/ask 命令旨在给用户提供一种方便、高效的向 Midjourney 提出各类疑问或困扰的方式。用户可以利用这个命令询问功能使用问题、技术难题或其他相关问题，而 Midjourney 会根据用户的具体问题提供相应的解答或解决方案。无论是新手用户还是资深用户，这个命令都能够协助用户更顺畅地使用 Midjourney，并在用户遇到问题时提供及时的帮助。通过实时的反馈，用户可以节省大量时间，提高在 Midjourney 平台上的操作效率和对平台的满意度。

例如，如果对 "Relax mode" 的具体含义存在疑问，在 /ask 命令后添加 "Relax mode？"并执行命令，系统将提供相应解答，具体操作步骤如下。

第 1 步 输入问题，如下图所示。

第 2 步 按【Enter】键，此时即可显示机器人对问题的回答内容，如下图所示。

3.13 /help：显示 Midjourney Bot 的执行命令与功能释义

/help 命令旨在协助用户迅速理解并掌握 Midjourney Bot 的各类执行命令与功能释义。当用户面临困惑或对于某些功能的执行方式感到不确定时，此命令将作为他们寻求解答的便捷途径。Midjourney Bot 将全面展示所有可用的命令及其基础说明，以便用户能够更为方便、高效地在 Midjourney 平台上进行操作。通过此命令，用户将能够轻松获取命令菜单，并迅速了解每个命令的具体作用，从而极大地提高在 Midjourney 平台上操作的直观性与便捷性。

当用户在 /help 命令后添加 "How to use aspect？" 后，机器人将自动提供相关的链接地址作为回应,用户可通过这些链接地址查找所需答案。

3.14 /subscribe:查看订阅服务页面

当用户执行"/subscribe"命令时,系统将会引导其直达 Midjourney 的订阅服务页面。在此页面中,用户可查看所有可供选择的订阅选项。这些选项精心配置了不同期限与功能组合,且每一项都明确写出了价格及其涵盖的具体服务内容。此命令设计的初衷,是为用户提供一个简洁高效的途径,以便其能够快速获取全面的订阅信息,并根据个人需求与预算做出最佳选择。关于订阅服务的详尽内容,已在 1.3 节中进行了阐述,为避免内容冗余,此处不展开说明。

3.15 /fast:切换至快速模式

"/fast"命令用于将 Midjourney Bot 切换至快速模式。在此模式下,Midjourney Bot 的反应速度将大幅提升,能够更迅速地回应命令和问题。然而,需要注意的是,这种速度的提升可能会以牺牲部分内容的详细程度和深度为代价。因此,快速模式更适用于需要快速获得回应或在短时间内完成特定任务的情况。对基本计划用户而言,当输入提示词后,机器人将以快速模式生成图像。请务必留意,一旦快速模式的额度用完,用户需要在网站上购买以继续使用该功能。

3.16 /relax:切换至放松模式

在执行"/relax"命令后,Midjourney Bot 将启用其特有的放松模式。在此模式下,Midjourney Bot 将以更为轻松自在的方式回应问题或参与对话,营造出一种非正式、亲近如朋友的交流氛围。然而,需要注意的是,基本计划用户将无法享受此模式的便利。为体验放松模式带来的独特魅力,用户需进行会员计划的升级。此外,值得注意的是,放松模式是一种慢速模式,可能会导致出图速度变慢。

3.17 /public:切换至公开模式(默认)

/public 命令允许用户从隐身模式切换至公开模式,而公开模式是 Midjourney 的默认设置。在公开模式下,用户作品和活动对其他用户可见。这对希望向更多人展示作品的创作者来说非常有益,因为不仅能够增加作品曝光度,还为其提供了一个接收他人意见和建议的平台。

在文本框中输入"/"，在弹出的列表中，选择"/public"命令，如下图所示，按【Enter】键即可切换至公开模式。

第4章

Midjourney 常用参数

Midjourney 提供了许多参数，用于帮助用户更好地掌握其项目的进展和性能。本章将逐一介绍 Midjourney 常用参数，以帮助用户更高效地使用 Midjourney。在设置参数时，一定要注意前后空格的添加和英文状态的设置，以避免出错。

4.1 尺寸调整

Midjourney 中常用的尺寸调整参数有两个：一个是"--aspect"，另一个是"--ar"。下面对它们进行具体说明。

4.1.1 --aspect

--aspect 参数用于设置画面的宽高比，以适应不同屏幕尺寸。Midjourney 默认显示画面是 1∶1。用户可以使用 --aspect 参数指定显示画面的宽高比，以确保图片在不同屏幕上都能正确显示，避免画面变形或显示不完全。在使用该参数时，应该在参数后面空一格再输入宽高比，且输入的数值必须是整数。如下图所示，在提示词之后加入"--aspect 16∶9"，画面比例就变为 16∶9，输出画面的分辨率也变成 1456 像素 ×816 像素。

> 提示词 Grassland+Tianchi+Flying Eagle --aspect 16∶9（草原 + 天池 + 飞鹰）

4.1.2 --ar

--ar 参数是 --aspect 的简化形式，用于设置画面的宽高比例。它允许用户直接指定宽高比。此参数帮助用户在开发过程中，模拟不同屏幕尺寸和宽高比例，以确保生成的画面在各种情况下都能正确显示。例如，3∶2 常用于印刷、摄影，而 4∶7 则用于高清电视屏幕或智能手机屏幕，在提示词之后加入"--ar 4∶7"，生成的画面比例效果如下图所示。

> **提示词** High-rise Buildings + Beach + White Clouds --ar 4∶7（高楼大厦+海滩+白云）

4.2 删除指定元素：--no

--no 参数用于删除指定元素，让它们在模拟画面中消失。这对于强调背景或产品特性而不希望有人物出现的情况非常有用。如下图所示，从使用提示词"Lively shopping street."（热闹的商业街）生成的图片中会看到商业街中有许多行人，而使用"Lively shopping street. --no people"生成的画面中就没有行人。

Lively shopping street.

加入"--no people"参数

使用此参数还能降低某一色彩的比例，或者用户可以以输入图片作为参考指定图片中不想要的元素。如果删除多个元素，可以使用逗号将它们隔开，语法为：--no<元素 1>,<元素 2>。

例如，使用"Floor plan, three bedrooms and one living room"（平面图，三室一厅）生成的图像包含厨房且画面的主色调为棕色，如下左图所示。当加入"--no kitchen, brown"参数，就不会生成厨房和棕色调的平面图，如下右图所示。

加入"--no kitchen, brown"参数

4.3 切换生成的图片模式

以下是 Midjourney 中常用的切换生成的图片模式参数的功能说明和范例。

4.3.1 --v

--v 参数用于设置 Midjourney 使用版本，目前模拟场景模式为第五代生成图片模式，对应参数为 --v 5.2。第五代生成图片模式通常包含更多细节且具有高质量的图片处理水平，以实现更逼真的视觉效果。如下图所示，默认情况下，Midjourney 都会使用最新版本生成图片。

利用/settings指令，用户可以预先设置使用版本

4.3.2 --niji

--niji 参数用于切换到漫画风格模式，这种模式通常会给图片加上漫画风格的滤镜效果，

使其看起来像是从漫画中提取的场景。用户可以使用 --niji 或 --niji 5，如下图所示。

Long Hair + Beauty --niji5(**长发+美女**)

Long Hair + Beauty --niji (**长发+美女**)

4.3.3　--style

　　--style 参数在生成漫画风格的图像时经常用到，它有两个对应不同艺术风格的模式，一个是 --style cute 模式，另一个是 --style expressive 模式。--style cute 模式生成的画面线条比较简约，类似于卡通效果，而 --style expressive 模式生成的画面较立体，类似于动漫效果。要让这两个模式生效，必须加入 --niji 5 参数。

　　例如，下图的提示词为"jumping fish in water"（水中跳跃的鱼），左下图为 --style cute 模式生成的画面，右下图为 --style expressive 模式生成的画面。

--style cute　　　　　　　　　　　　　　--style expressive

4.4 画出相似图：--seed

--seed 参数用于指定种子，直接影响模拟结果的随机性。当用户设置相同种子时，将生成相同的结果，这对于需要重现特定场景或确保结果一致性的情况非常有用。

在使用 --seed 参数生成图片前，用户必须查询种子编号，查询方式如下。

第1步 在文本框中输入"/"，选择弹出列表中的"/imagine"命令，如下图所示，然后按【Enter】键。

第2步 在文本框中输入提示词"Cute Flower Cat + Window Sill"（可爱的花和猫＋窗台）。

第3步 按【Enter】键，生成4张图片，然后单击😊按钮，添加反应操作，如下图所示。

第 4 章　Midjourney 常用参数

提示：在 Midjourney 中，"添加反应"是一种互动机制，允许用户对特定的消息、帖子或内容表达简短、直观的情感反馈或进行功能性操作。通常表现为在消息旁边添加一个小图标（称为"表情反应"或简称"反应"），这些图标代表各种情感、表情、符号或特定的功能。

第4步　在文本框中输入"envelope"，选择✉图标，如下图所示。

提示：在生成的图像上添加一个特定的"信封"（envelope）表情反应，其目的是让 Midjourney Bot 通过私信将包含种子编号的信息发送给用户，包括其对应的 Job ID 和 seed 值。

第5步　切换到个人主页，选择【Midjourney Bot】选项，即可看到显示的种子编号，如下图所示。

使用种子编号可以生成4张相似图片，但是加入"It's raining outside the window."（窗外在下雨）提示词后会生成新的不同图片。方式如下。

第1步　使用"/imagine"命令，在原提示词后添加"It's raining outside the window."以及 --seed 和种子编号，如下图所示。

第2步　此时即可生成4张与先前作品风格相近的图片。其不同之处在于，在这些图片描绘的场景中，窗外显现出下雨的景象，如下图所示。

4.5 保持角色的一致性：--cref

在 Midjourney 中，--cref 参数是一个强大的工具，它专门用于保持角色的一致性。用户只需通过在 Midjourney 中粘贴相关的 URL，就可以轻松引入一个角色参考，让 Midjourney 精确匹配该角色的面部特征、体型以及服装风格。这种匹配过程确保了生成图像时，角色的特征能够完整保留，最终作品中的角色与参考角色高度一致。通过使用 --cref 参数，用户可以更加精确地控制角色在图像中的呈现，从而创作出更加符合预期的作品。

1. 如何使用

用户只需输入 "--cref"，并附上包含角色图像的 URL 地址。此外，用户还可以利用 --cw 参数来调整参考强度，以实现更精细的控制。

默认情况下，参考强度为 100（即使用 --cw 100），此时系统将综合考虑脸部、头发和衣服的匹配度。若用户希望系统更加专注于脸部的匹配，可将参考强度调整至 0（即使用 --cw 0），这一设置特别适用于更换服装或发型等特定元素的场景。

2. 使用场景

下面列举了一些 --cref 参数的使用场景，帮助读者了解它的用途。
- 为一部原创的奇幻小说设计多个角色，这些角色需要呈现出统一的神秘氛围和视觉风格。
- 开发一款冒险游戏，需要设计多个 NPC（None-Player Character，非玩家角色），这些角色需要在外观上保持一致，同时体现出各自的职业特点和性格。
- 制作一部动画电影，需要设计一系列动画角色，这些角色需要保持一致的动画风格，同时在细节上有所区分。
- 创作一部漫画，需要设计多个主要角色，这些角色需要在视觉上保持一致，同时展现出不同的性格和经历。

3. 使用示例

如下左图为原始图像，使用提示词 "Vigilante dancing swords in the snow-capped mountains --cref（图片链接）--cw"（侠客在雪山舞剑）生成，而下中图和下右图所示是分别使用了 --cw 100 和 --cw 0 参数生成的图片。

原始图像　　　　　　　　　　　--cw 100　　　　　　　　　　　--cw 0

通过对比，可以发现参数调整对图片效果具有显著影响。这一观察结果表明，通过调整参数，用户可以有效地控制角色的一致性程度，从而满足不同的创作需求。

4.6　设置图片的艺术化程度：--stylize 或 --s

--stylize 参数（缩写为 --s）用于设置图片的艺术化程度。该参数影响图片的艺术风格和处理效果，允许用户调整图片的外观，使其更具艺术感或更风格化。--stylize 的默认值为 100，取值范围为 0～1000，其数值较低时，生成的图片与提示词密切相关，艺术性较低；其数值较高时，生成的图片与提示词的关联性较弱，但艺术性较高。

在以下示例中，当我们在提示词"Baby sleeping sweetly in a cradle"（婴儿在摇篮中甜甜地睡着）中加入 --s 50、--s 100、--s 500 等参数时，生成的图片效果如下图所示。通过对比，我们不难看出参数调整会对图片效果产生显著影响。这些参数被强烈地作用于图片处理过程中，使图片展现出更为独特的艺术风格。这一观察结果表明，通过调整参数，我们可以有效地控制图片的艺术化程度。

--s 50　　　　　　　　　　　--s 100　　　　　　　　　　　--s 500

4.7 生成重复拼接图案：--tile

--tile 参数用于生成重复拼接图案，使图片以平铺方式重复显示，进而形成拼接效果。这项功能适合用来创作无接缝的可拼接图片，例如壁纸、瓷砖、纹理材质等，可以利用重复的图案背景或装饰提高视觉吸引力。下图所示为一个水果拼接的图案。

> ↘ 提示词　fruit --tile（水果）

4.8 根据图片生成短视频：--video

--video 参数用于生成一段 5s 的短视频，短视频记录了生成画面由模糊变清晰的整个动态过程，可以用于创建动画、示范或其他需要动态效果的视觉内容。

根据图片生成短视频的具体操作步骤如下。

第1步 在文本框中输入"/"，选择弹出列表中的"/imagine"命令，如下图所示，然后按【Enter】键。

第2步 在文本框中输入提示词"Lotus blooming in the pond --video"（池塘中莲花盛开）。

第3步 按【Enter】键，生成4张图片，单击 按钮，添加反应操作，如下图所示。

第4步 在文本框中输入"envelope"，单击 图标，如下图所示，Midjourney Bot 会通过私信将视频链接发送给用户。

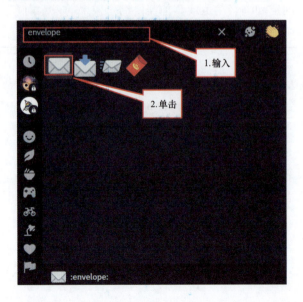

第4章　Midjourney 常用参数

第5步 切换到个人主页，选择"Midjourney Bot"，如下图所示。

第6步 此时立即跳转至浏览器，并打开链接页面，单击▶按钮即可播放视频，如下图所示。

第7步 短视频记录了生成画面由模糊变清晰的整个动态过程，其呈现的动态效果如下图所示。

4.9 调整混乱度：--chaos

--chaos 参数用于调整模拟中的混乱度，取值范围为 0～100。该参数会影响模拟图片

77

的外观，较高的混合度会生成不寻常且意想不到的结果。

例如，当使用提示词"Ant Work + Microscopic Perspective"（蚂蚁工作 + 微观视角）时，左侧使用 --chaos 0 生成的图片将主要聚焦于对蚂蚁工作的描绘。相比之下，右侧使用 --chaos 50 生成的图片似乎偏离了原定的主题，如下图所示。这表明，随着混合度的增加，生成的图像可能会与原定的主题产生越来越大的偏差。

--chaos 0 　　　　　　　　　　　　　　　　--chaos 50

4.10 重复生成图片：--repeat 或 --r

--repeat 参数（缩写为 --r）用于指定模拟中元素的重复次数。当用户需要重复操作相同提示词生成图时，就可以利用 --repeat 3 来生成 3 组 2×2 的图，这样可以省下大量输入重复指令的时间。

以生成多张"餐桌上的美味甜点"图像为例，只需使用"Delicious desserts for the table --repeat 3"即可生成 12 张图片，具体步骤如下。

第 1 步　在文本框中输入提示词和 --repeat 参数，然后按【Enter】键。

第 2 步　单击【Yes】按钮，如下图所示。

第3步 稍等片刻,用户即会看到 3 组 2×2 的图片,如下图所示。

4.11 提前结束进行中的 AI 绘画：--stop

--stop 参数用于在模拟过程中提前结束进行中的 AI 绘画。通过此参数,图片渲染过程可突然中断,因此最终生成的图片可能会呈现出一种较为模糊的效果。参数的具体取值范围为 10 ~ 100。下图演示 --stop 参数分别设置为 20、50、70 时所呈现出的不同效果。值得注意的是,当 --stop 参数设置为 70 时,所生成的图片已较为清晰。

--stop 20　　　　　　　　　--stop 50　　　　　　　　　--stop 70

第5章

Midjourney 绘画技巧

本章将对 Midjourney 的绘画技术进行深度解析,并分享一系列独到的技巧。掌握这些技巧,用户将能够更深层次地把握 Midjourney AI 绘画技术的核心,进而创作出更具吸引力和创意的艺术作品与图像。这些技巧不仅适合刚接触该技术的新手使用,也适合寻求创新灵感和新思维方式的资深用户使用。

5.1 多重提示词与权重

本节深入探讨如何巧妙融合多个提示词，以使 Midjourney AI 生成更加丰富多彩和具有创意的图像。通过这种创新的组合技巧，能够拓展创作边界，使作品更个性化并更具独特魅力。

5.1.1 使用 :: 分隔不同的概念

英文词句中经常出现复合词，而所谓的"复合词"专指由两个及两个以上的单词所组成的词，例如 dance hall（舞厅）、junk food（垃圾食品）、hot dog（热狗）、hand bag（手提包）等，如果机器人将其中的单词分开来理解，生成的图片可能会完全不同。

在 Midjourney 绘画中，用户可以使用"::"分隔不同的概念，例如，使用"dance hall"生成的画面和使用"dance::hall"生成的是不一样的，使用"dance hall"会生成舞厅场景，如下左图所示，而使用"dance::hall"生成的画面以跳舞人物为主，如下右图所示。

dance hall 生成的画面　　　　　　　　dance::hall 生成的画面

> 提示："::"与英文单词间不留空格。

5.1.2 设置提示词中各部分的权重

用户在使用多重提示词时，可以通过设置提示词中各部分的权重来精细调整生成图像的元素分布。默认值状态下，各部分的权重为"1"，如下图所示，"Blue sky::White clouds::Beach::Coconut trees"为蓝天、白云、海滩、椰子树 4 个部分都赋予相同权重值 1。

若用户希望椰子树的权重最大,海滩的权重次之,白云的权重排第三且蓝天的权重排第四(即将白云和蓝天作为背景),则可通过调整提示词中各部分的权重来实现这一效果。具体操作为将提示词设置为"Blue sky::1 White clouds::2 Beach::3 Coconut trees::4",则生成的画面中椰子树就会占据主导地位,效果如下图所示。

使用多重提示词能提高用户创作的想象力和创新性。通过为提示词中的不同部分设置

相应权重，用户可以突出自己期望强调的特定内容。而且，使用这种方法有助于提升 AI 艺术作品的质量。

5.2 把图像变成提示指令

本节将展示如何将现有的图像变成提示指令，从而激发用户使用 Midjourney AI 绘画时的创作灵感。

首先，需要明确"图像变成提示指令"这一概念。在 Midjourney AI 绘画中，"图像变成提示指令"是指将具体图像内容转化为文字描述形式的提示。这些提示会被用作指导 AI 进行绘画的依据。通过这种方式，用户不仅能够将现实中的元素融入艺术创作中，还能够在此基础上发挥想象，创造出全新的视觉形象。

5.2.1 使用单张图片生成图片

下面讲述使用单张图片生成图片的方法，具体操作步骤如下。

第 1 步　双击 ➕ 按钮或者选择"上传文件"命令，如下图所示。

第 2 步　弹出【打开】对话框，选择基础图像，单击【打开】按钮上传文件，如下图所示。

第 3 步　此时即可显示图片缩略图，按【Enter】键，将图片上传到 Dicsord 社区，

如下图所示。

第4步 此时图片已上传至 Dicsord 社区，如下图所示。在文本框内输入"/"，然后在弹出的列表中选择"/imagine"命令。接着，选取基础图片，将其拖曳至【prompt】框中，系统便会自动提取并展示该图片对应的网址。

第5步 在图片对应的网址后输入想要加入的提示词，例如，输入"traditional cheongsam, Chinese wedding dress"（传统旗袍，中式嫁衣），然后按【Enter】键执行创作过程。

第6步 此时即可生成基于原始图像的 4 张融合了华丽服饰元素和中国画风格的图片。

5.2.2 使用多张图片生成图片

在 Midjourney 中用户可以通过空格隔开多张图片来生成新的图片。上传图片的操作步骤和 5.2.1 小节中的相同，图片上传后，将其拖放至【prompt】框中即可应用。

以下两幅图为基础图片。

使用"a woman runs down the road"（一个女人在路上奔跑）提示词，即可生成如下图所示的效果图像。

利用这一技巧，用户能够将现实世界的任意图像作为 AI 艺术创作的基础，从而丰富灵感来源。不妨亲自尝试使用该技巧，以进一步提升 AI 艺术创作的品质。

5.3 保存 Discord 上已生成的图

本节介绍如何在 Discord 平台上高效地保存由 Midjourney 创作的图片。本节会分享一系列实用技巧，这些技巧有助于用户在创作或将图像分享给他人时轻松整理与传输这些图像，以及更加顺畅地利用这些资源。

第 1 章已经为用户介绍了如何便捷使用 Midjourney 的个人主页功能。只需单击【U1】～【U4】按钮，用户就可以获得高画质图片，这些图片会自动展示在用户个人主页上。在个人主页中，用户仅需单击图片的缩略图并进行简单操作，便可快速下载和保存图片，具体操作步骤如下。

第 1 步　进入 Midjourney 个人主页，然后单击图片缩略图选中图片，如下图所示。

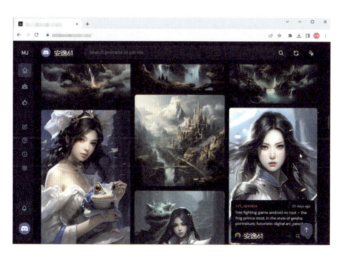

第 2 步　单击 按钮将图片存储至个人计算机中，如下图所示。

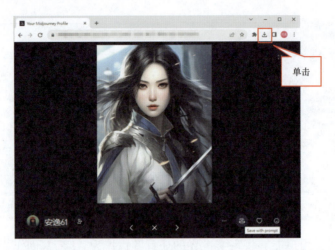

在 Midjourney 个人主页上,用户一般仅保存喜欢的、高画质的图像。其他生成的图像可以通过以下方式,直接从 Discord 下载并保存。

第 1 步 在 Discord 中单击选择生成的 4 张图像,如下图所示。

第 2 步 在图片上单击鼠标右键,在弹出的快捷菜单中选择【保存图片】命令,如下图所示。

第3步 在弹出的【另存为】对话框中,选择保存的位置,并设置文件名,单击【保存】按钮,即可保存图片,如下图所示。

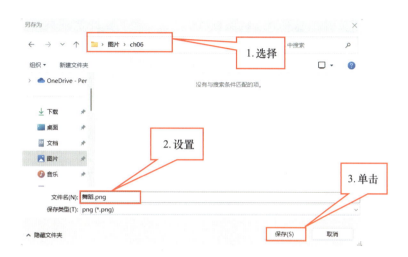

完成上述步骤就保存了 4 张 2048 像素 ×2048 像素的 PNG 格式图像。利用以上方法可以保存用户生成的全部图片到指定位置,以便于管理和再次使用。

5.4 更换 Discord 账号头像

Discord 账号头像是用户在社交平台上的标识,本节将介绍如何更换 Discord 账号头像,使头像更个性化并展现个人的独特风格。以下图的卡通图片为例详细说明更换 Discord 账号头像的步骤。

第1步 单击用户按钮,单击 按钮进入设置窗口,编辑个人资料。

第2步　单击【更改头像】按钮对头像进行更换。

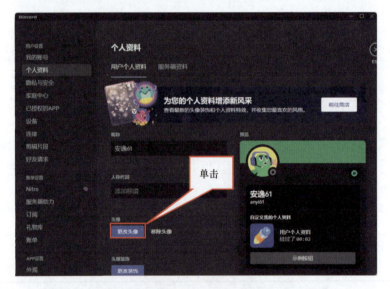

第3步　单击 按钮上传头像。

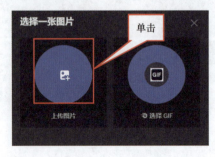

第4步　在弹出的【打开】对话框中，选择要作为头像的图片，然后单击【打开】按钮上传图片。

第5步 在【编辑图片】对话框里,根据个人喜好调整图片位置和大小比例,调整完毕后,单击【应用】按钮,便可完成 Discord 账号头像的个性化设置。

第6步 此时显示预览头像效果,单击【保存更改】按钮保存更换,保存完成后单击◎按钮退出设置窗口。

第 7 步　此时，如下图所示，Discord 账号头像已成功更换。

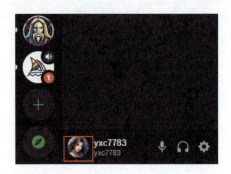

5.5　利用 AI 生成 Midjourney 提示词

在使用 Midjourney 时，我们可以利用 AI 将中文提示词翻译成英文提示词，也可以根据需要借助 AI 查询相关信息，或者让 AI 模拟特定角色。

5.5.1　查询艺术专业信息

用户在查看他人分享的 Midjourney 提示词时，难免会遇到各种与艺术风格相关的专业术语。面对不熟悉的艺术风格，用户可借助 AI 模型查询相关信息。

例如，用户可以向 ChatGPT 提出"请以中文列出常见的艺术风格名称，并用逗号隔开，然后翻译成英文"的要求，通过这种方式，用户能够迅速掌握各种艺术风格的名称及其英文对照，从而更深入地理解这些艺术风格，并将它们用于 Midjourney 的创作中。

> **You**
> 请以中文列出常见的艺术风格名称，并用逗号隔开，然后翻译成英文
>
> **ChatGPT**
> 抽象艺术，Abstract Art
> 现实主义，Realism
> 印象主义，Impressionism
> 后印象主义，Post-Impressionism
> 表现主义，Expressionism
> 立体主义，Cubism
> 未来主义，Futurism
> 超现实主义，Surrealism
> 抽象表现主义，Abstract Expressionism
> 分析主义，Analytical Cubism
> 合成主义，Synthetic Cubism

同样，面对构图中的视觉角度问题，用户也可直接向 AI 提问。用户可以要求 ChatGPT 列出常见的构图视角，并在其后附上相应的英文术语，如下图所示。

> **You**
> 请列出构图中常见的视角，并在列表后方表示其英文
>
> **ChatGPT**
> 平视角，Eye-level Perspective
> 低角度视角，Low Angle Perspective
> 高角度视角，High Angle Perspective
> 鸟瞰视角，Bird's-eye View Perspective
> 鱼眼视角，Fisheye Perspective

这样，用户不仅能够获得所需的专业知识，还能有效地将这些信息融入 Midjourney 的提示词中，从而增加创作的深度和多样性。

5.5.2 使用 AI 模拟角色

用户可以使用 AI 模拟角色，从专家视角获得提示词建议，以增强创作的效果。

例如，在 ChatGPT 中输入"我正在使用 Midjourney 的绘画生成器，希望 AI 扮演一位专业的提示词工程师。当在主题前添加'/'时，请以专家身份撰写相应提示词"。

用户可以看到，AI 的回答是"当然，我可以协助您为 Midjourney 的绘画生成器设计提示词，只需在主题前加上'/'，我就会从专家视角构建提示词。请问你需要哪方面主题的提示词？"如下图所示。

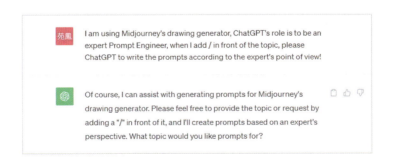

然后，用户便能够根据自身需求来向 AI 提出要求。

例如，用户想要设计一个带有科技感的网站首页，就可以在 ChatGPT 文本框中输入"/Design website homepage, with a sense of technology"并提交，ChatGPT 立即向用户提供多个不同的提示词，如下图所示。

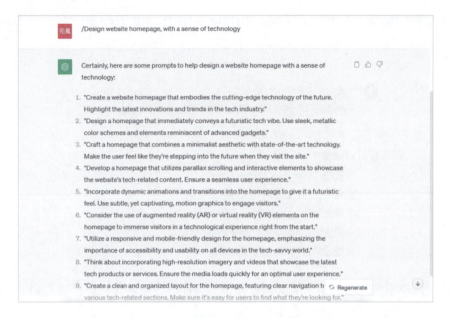

用户可以从这些提示词中挑选出最喜欢的,复制该提示词并粘贴至 Midjourney,Midjourney 便能够生成具有科技感的网站首页图像,具体效果如下图所示。

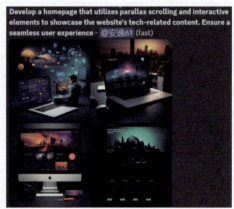

通过上述流程,用户可以逐步将 AI 训练成生成 Midjourney 提示词的高手。当 AI 生成的图像未达到预期时,用户可以向 AI 明确指出不足之处,并要求其重新设计提示词。通过这样反复迭代和微调,用户能够更精准地指导 AI 生成更符合期望的图像。这不仅提高了艺术创作的控制度,也增强了用户的信心。推荐用户使用该技巧,以期 AI 艺术作品达到更高的水平。

第6章

优化 Midjourney 生成的 AI 图像

Midjourney 生成图像的最大输出尺寸为 1024 像素 × 1024 像素，如果用户觉得输出尺寸不够大，或者想要对生成的人物或主题进行快速去除背景处理，又或者生成图像中包含一些用户不想要的元素，想要对 Midjourney 生成的图像进行优化处理，那么本章的内容可供参考。

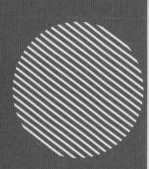

6.1 一键快速去除背景

本节介绍一个名为 Clipdrop 的 AI 图像处理工具，它是一个集成了 AI 技术的在线图片编辑工具。该工具的基础功能可供用户免费使用，并且无须注册账号即可匿名享受各项工具服务。然而，需要注意的是，匿名用户的免费使用额度是有限制的。一旦达到最大免费使用额度，建议考虑升级成为会员用户，或者稍后再尝试使用。

Clipdrop 提供具有不同功能的各种工具，可以帮助用户快速去除背景、调整光线效果、放大图像、去除文字，以及建立多种变化体等。它使用起来非常简单，不需要利用专业绘画软件就能让用户在几秒内创建令人惊艳的视觉效果。

Clipdrop 中有一个工具是 "Remove background"，可以帮助用户对 Midjourney 生成的图像主题进行快速去除背景处理。利用此工具能快速准确地从图像中提取主题。由于它是利用 AI 算法去除图像背景的，所以它不仅能够保留主题细节，而且对于毛发、复杂物体等，都能够保留非常清晰的对象边缘。但是，未登录账号的匿名用户每次只能处理一张图片，若要每次处理 2～10 张图片，必须注册并升级为会员用户。

一键快速去除背景的具体操作步骤如下。

第 1 步 使用浏览器打开 ClipDrop 首页，选择【Remove background】选项，如下图所示。

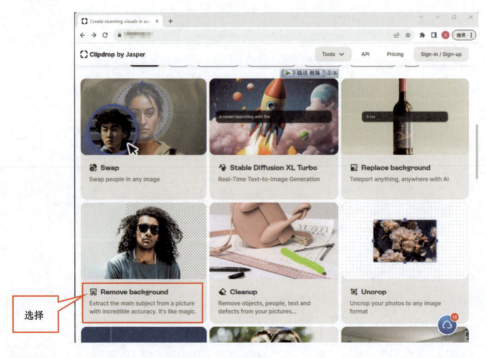

第 2 步 进入【Remove background】页面，单击页面中的蓝色上传区域，弹出【打开】对话框，在该对话框中选择要去除背景的图片，单击【打开】按钮，如下图所示。

第 6 章　优化 Midjourney 生成的 AI 图像

第 3 步　图片上传成功后，单击【Remove background】按钮，如下图所示。

第 4 步　弹出确认框，显示去除背景后的图片，如对其感到满意则单击【Download】按钮，下载处理后的图片，如下图所示。

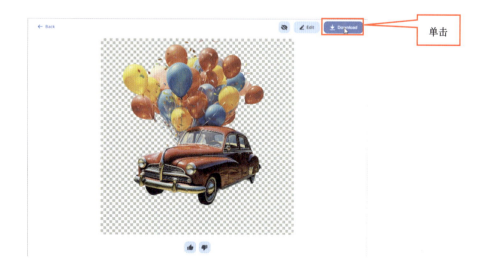

通过这种方式能快速实现图像背景去除，从而满足相关使用需求。

6.2 图片无损放大

使用 Midjourney 生成的图片的最大输出尺寸为 1024 像素 ×1024 像素，如果用户觉得输出尺寸不够大，这里介绍几个能将图片无损放大的工具供用户参考。

6.2.1 Clipdrop 的"Image upscaler"工具

Clipdrop 中有一个"Image upscaler"工具，它也被称为图像升频器，可以在几秒内帮助用户放大图像的尺寸，匿名用户可将图像放大 2 倍，若要放大 4 倍、8 倍、16 倍，则必须成为会员用户。

第 1 步　打开 Clipdrop 首页，选择【Image upscaler】选项，如下图所示。

第 2 步　进入下图所示页面，单击页面中的蓝色上传区域，弹出【打开】对话框，在该对话框中选择需要放大的图片，单击【打开】按钮。

第 6 章 优化 Midjourney 生成的 AI 图像

第 3 步 进入下图所示页面，选择放大的倍数，如这里选择 "x2"，然后单击【Upscale】按钮。

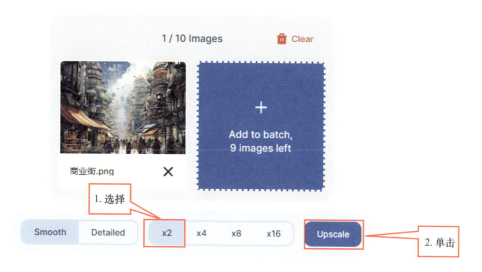

第 4 步 图像放大完成后可预览其效果，如果要使用该图片，则单击【Download】按钮即可将其下载到计算机中，如下图所示。

完成以上操作，就基于 1024 像素 ×1024 像素的原始图片生成了 2048 像素 ×2048 像素的图片。因此，如果希望将图片尺寸变大，可使用此工具进行无损放大。

6.2.2 Bigjpg 的 AI 人工智能图片放大工具

Bigjpg 网站的【AI 人工智能图片放大】工具使用深度学习技术对噪点和锯齿部分进行补充，从而实现图片的无损放大。目前免费版可放大到 3000 像素 ×3000 像素。

该网站的使用方法简单，无须注册，只要将图片拖曳到【选择图片】框中后选择放大倍数即可。但放大 8 倍或 16 倍的功能需要升级用户才可使用。完成放大后，【选择图片】框下方显示【下载】按钮供用户下载。例如 Midjourney 生成的图片尺寸为 1024 像素 ×1024 像素，利用此网站放大 4 倍，可立即得到 4096 像素 ×4096 像素的图片。

该工具的使用方法如下。

第 1 步 使用浏览器打开 Bigjpg 网站，单击【选择图片】按钮，如下图所示。

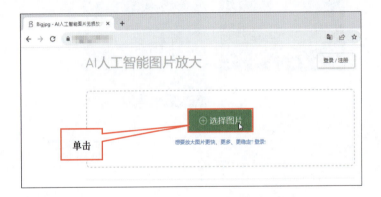

第 2 步 弹出【打开】对话框，选择要放大的图片，单击【打开】按钮。

第 3 步 上传完成后，即会显示图片文件及其信息，单击【开始】按钮，如下图所示。

第 6 章 优化 Midjourney 生成的 AI 图像

第 4 步 弹出【放大配置】对话框，根据需求，设置"图片类型""放大倍数""降噪程度"参数，最后单击【确定】按钮，即可完成配置。

第 5 步 稍等片刻，即可看到"已完成"提示信息，单击【下载】按钮即可下载该文件，如下图所示。

6.3 为图像调整光照效果

Clipdrop 中的"Relight"工具，允许用户针对主题人物进行细致的光照效果调整。用户可借助此工具调整背景光、环境光、多光照、新增光照等，并可对光照颜色、距离、半径等参数进行精确控制。这一功能确保 Midjourney 生成的图像能完美呈现出用户所期望的光照效果。以枫树林中的火车为例，左下图为原始图像，而调整光照效果后的图像如右下图所示。通过比较不难看出光照效果调整对图像效果的提升作用。

原始图像　　　　　　　　　　　　　　调整光照效果后的图像

为图像调整光照效果的具体操作步骤如下。

第1步　在 Clipdrop 网站中选择【Relight】选项，如下图所示。

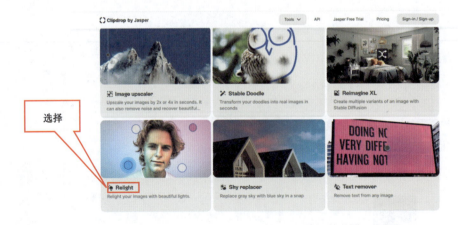

第2步　进入下图所示页面，单击页面中的蓝色上传区域，弹出【打开】对话框，在该对话框中选择需要放大的图片，单击【打开】按钮。

第 6 章 优化 Midjourney 生成的 AI 图像

第3步 选择【Ambient】选项设置周围光，拖曳【Power】滑块可调整周围光强度，单击 ◎ 按钮显示未设置周围光的原始图像，如下图所示。

第4步 选择 Light 1、Light 2 光照点，设置光的 Color（颜色）、Power（强度）、Distance（距离）及 Radius（半径值）参数来精确控制图像的光照效果。若需要移除已设置的光照效果，可以单击 🗑 按钮删除光照点，如下图所示。

第5步　设置完成后，单击【Download】按钮即可下载设置好的图像，如下图所示。

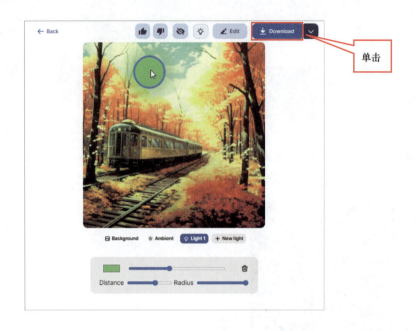

6.4　清除图片中的多余元素

如果用户已经生成了一张较满意的图片，但其中包含一些用户不想要的元素，可以使用 Clipdrop 中的"Cleanup"工具清除这些多余元素，如下图所示。

原始画面　　　　　　　　　　　　　　Cleanup 之后的画面

采用"Cleanup"工具时，可以拖曳鼠标涂抹多余元素以将其清除，而删除部分会自动由邻近像素进行填充。其具体操作步骤如下。

第1步 在Clipdrop网站中选择【Cleanup】选项，如下图所示。

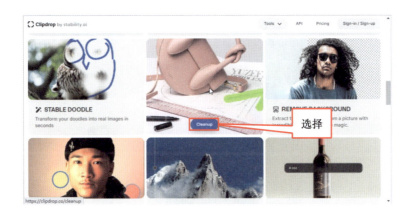

第2步 进入下图所示页面，单击页面中的蓝色上传区域，弹出【打开】对话框，在该对话框中选择需要放大的图片，单击【打开】按钮。

第3步 拖曳【Brush size】滑块调整笔刷大小，单击【Select】按钮，然后涂抹多余元素，最后单击【Clean】按钮确认清除，如下图所示。

第4步 此时即可看到图片中原来的怪兽被清除，如下图所示。修改完成后，单击【Download】按钮即可下载修改后的图片。

6.5 图片卡通化

MyEdit 是讯连科技提供的免费图片编辑器，能去除图片对象、模糊修复、去噪，将图片动漫化、卡通化等，它为用户提供了更多编辑选项和效果，特别是动漫或卡通处理，可以实现如今许多人喜欢的大头贴风格。

第1步 进入 MyEdit 官网。在左侧菜单中选择【图片 - 照片卡通化】选项，单击【选择一个文件】按钮，如下图所示。

第2步 弹出【打开】对话框，在该对话框中选择要进行卡通化的图片，单击【打开】按钮，如下图所示。

第3步 MyEdit 会自动进行卡通化处理，并在右侧预览栏中显示不同的卡通风格，可从中选择想要套用的卡通风格，如下图所示。

第4步 此时，即会弹出下图所示的提示框，单击【确定】按钮。

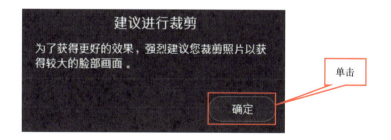

第5步 进入裁剪页面，在设定裁剪比例和显示范围后，单击【裁剪】按钮，如下图所示。

第6步　此时该图片即可应用卡通化效果，单击【下载】按钮即可下载卡通化的图片，如下图所示。不过需要注意的是，在登录个人账号后才可进行免费下载。

第7章

AI 模型与 Midjourney 协同创作动画故事

本章演示使用 AI 模型与 Midjourney 协同创作动画故事的方法。首先,使用 AI 模型进行脚本设计;然后,使用 Midjourney 根据脚本生成视频图像;最后,利用视频剪辑软件剪映融合全部元素制作视频。

7.1 脚本设计

创作动画故事应首先使用 AI 模型进行脚本设计。虽然设计的故事脚本千变万化且能满足不同的需求，但通常都围绕核心主题、主要角色、背景设定、任务目标和表现形式展开。用户可以向 AI 模型提出具体需求以获取有针对性的构思帮助。为确保 AI 模型准确把握用户意图，提问时应当详细阐述需求，包括背景信息和关键要素等。明确具体问题有助于 AI 模型更高效地理解用户需求，同时提供更精确和贴切的脚本设计建议。

7.1.1 编写脚本

期望 AI 模型扮作一位专为 4～6 岁儿童绘本撰写故事的作者。故事场景选定为森林、河道、古堡等。前景是一个红衣女孩和一只装扮得体、能双脚站立的博美犬。利用 AI 模型为这些场景提供详尽的画面描述和绘本文案，并以表格形式展示。

根据上述要求，下面以 ChatGPT 为例，为森林、河道、古堡等场景制作脚本，如下图所示。

场景	场景说明
森林	在一片茂密的森林中，绿树成荫，阳光透过树叶洒在地上。树林里有各种各样的野生动物，如松鼠和鹿，它们悄悄地在树林间穿行。在森林的中央，有一条清澈的小溪在碎石上流淌，发出悦耳的声音。穿着红色衣服的女孩和她的博美犬正在探索森林，女孩手里拿着一个放大镜，好奇地观察着树叶和昆虫。博美犬则站在她身边，抬头仰望树冠，它的尾巴在欢快地摇晃。
河道	河道边是一片广阔的草地，蓝天上飘浮着洁白的云朵。女孩和她的博美犬站在河岸上，眺望着宽广的河面，河水清澈见底，小鱼儿在水中游来游去。女孩手里拿着一个捕虫网，准备捉一些河边的昆虫。博美犬则用它的双腿站立在草地上，它的耳朵在微风中摆动，仿佛它也在欣赏这美丽的景色。
古堡	古堡坐落在山丘上，阳光照耀在古老的石头上，显得金碧辉煌。女孩和她的博美犬站在古堡的大门前，大门上有华丽的雕刻和古老的旗帜。女孩看起来好奇又兴奋，她的博美犬站在她身边，就像是古堡的守卫。古堡的内部有一座高塔和迷宫，等待着他们去探险。

7.1.2 脚本翻译

如果 AI 模型构思的画面描述符合要求，用户可以直接将其提供的描述语句翻译成英文，以便直接复制到 Midjourney 中使用。

这里使用 ChatGPT 进行英文翻译。

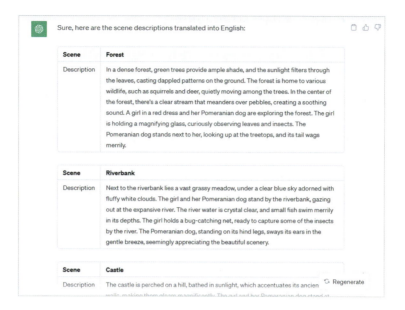

7.1.3 创作故事

在 AI 模型提供的场景和画面描述基础上，用户可以进一步利用 AI 模型创作一个连贯故事，串联森林、河道、古堡等场景，形成一个引人入胜、适合 4～6 岁儿童阅读的故事。

这里使用 ChatGPT 编写故事。

> 你
> 请针对以上场景说出一个故事，让森林、河道、古堡等画面可以串接在一起，故事适合4~6岁的小孩阅读。

> ChatGPT
> 这是一个充满奇幻和冒险的故事，适合4~6岁的小朋友阅读。
>
> 从前，有一个小女孩叫小梦，她有一只名叫小熊的小狗。一天，小梦和小熊决定去森林里探险。他们穿过茂密的树林，发现了一个神秘的古老森林。森林中有许多不同的动物，像可爱的松鼠、快乐的小鸟和温柔的小鹿。
>
> 在森林中漫步时，小梦和小熊看到了一条清澈见底的小溪。他们沿着溪流漫步，看到了一群小鱼在水中嬉戏。小梦用捕虫网尝试捕捉河边的美丽蝴蝶，而小熊则在水边追逐着蜻蜓。
>
> 突然间，他们看到了河对岸一个巍峨的古堡。古堡上有着华丽的雕刻和五彩的旗帜。小梦和小熊决定过去看看。他们穿过森林，来到了古堡的大门前。大门打开了，他们走进了古堡。
>
> 在古堡里，他们发现了一座神奇的迷宫。小梦和小熊手牵着手，一起勇敢地探索迷宫。他们遇到了许多谜题和挑战，但是他们永远不会放弃，因为他们知道只要一起努力，就能克服困难。
>
> 最终，小梦和小熊成功地找到了迷宫的出口。他们欢呼雀跃，庆祝着他们的胜利。然后，他们回到了森林，沿着小溪回到了家。在回家的路上，他们回顾了这次奇妙的冒险，决定以后还要一起探索更多的神秘之地。
>
> 故事结束了，小朋友们听完了故事，都感到非常兴奋。他们也希望能像小梦和小熊一样，勇敢地探索未知的世界，和好朋友一起度过快乐的时光。

ChatGPT 创作的故事较为冗长，而在动画故事创作过程中，需要考虑儿童的阅读习惯，为此故事内容应该简洁易懂。精简故事后的内容如下。

> **你**
> 更简短些，用词更简单些

> **ChatGPT**
> 好的，这是一个适合4~6岁小朋友阅读的简短故事：
>
> 小明和他的小狗小白一起去了一个神奇的森林。他们在树林里玩耍，看到了一条小溪。小明和小白沿着溪边走，发现了一个古老的城堡。他们决定探索一下。
>
> 在城堡里，他们发现了一个迷宫。小明和小白一起勇敢地走过来。他们解开了迷宫的谜题，找到了出口。回到森林，他们高兴地回家了。他们决定以后还要一起去更多的地方探险。这是一个充满友情和勇气的故事，小朋友们听完后都非常开心。

7.2 生成视频图像

生成场景描述后用户就能选取整个场景描述或关键词进行翻译，并将翻译结果复制到 Midjourney 中生成满足需求的视频图像。

7.2.1 设置生成图像比例

常见视频画面比例有 4∶3 和 16∶9，用户生成图像前需要添加指定提示词以确保生成图像与视频画面比例匹配，例如"+ Impressionist style --ar 16∶9"提示词既能指定画面需采用印象主义艺术风格，又能指定画面比例为 16∶9 以满足视频制作要求。

如下图所示，设置 16∶9 比例后视频中图像便呈现全屏视觉效果。

7.2.2 缩小图像画面比例

"Zoom Out 2x"帮助用户实现视频画面缩小效果，这样便于观察主角外的更多细节，另外利用剪映的缩放功能为画面增添动态感。

第1步　如下图所示，单击【Zoom Out 2x】按钮实现视频画面缩小。

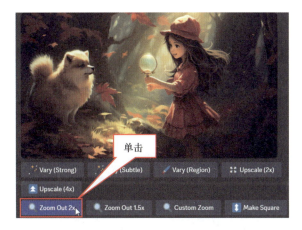

第2步　如下图所示生成4张图像，不难看出森林景观细节表现更丰富。

第3步　选取合适图像后，在其上单击鼠标右键，在弹出的快捷菜单中选择【保存图片】命令，把图像保存到指定位置。

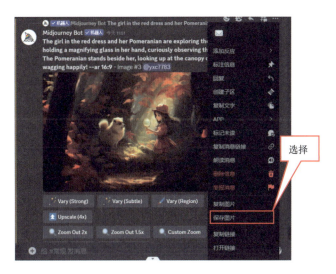

7.2.3 以图生图

可以使用 5.2 节介绍的"以图生图"方法，保持故事剧情的连贯性。该方法把现有图像转换为一连串提示指令，确保生成后续场景时女孩和博美犬形象保持一致。

第 1 步　以森林背景场景为例，用户首先保存图像至计算机桌面，具体通过在图像上单击鼠标右键并在弹出的快捷菜单中选择【保存图片】命令实现。这样方便用户上传图像至 Discord 等平台进行后续创作和交流。

第 2 步　用户把上传图像链接作为第二场景的提示词，同时在提示词中添加印象主义画风、16∶9 比例等参数，并据此生成 4 张图像。如下图所示，用户选取合适的图像并依次单击【U4】按钮和【Zoom Out 2x】按钮实现画面缩小。

第 3 步　用户选取目标图像并在其上单击鼠标右键，在弹出的快捷菜单中选择【保存图片】命令将保存图像至指定位置，如下图所示。

第 7 章 AI 模型与 Midjourney 协同创作动画故事

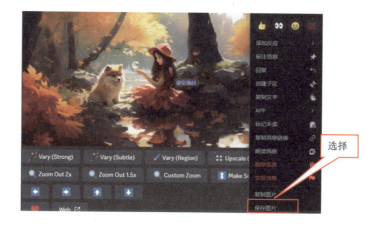

7.2.4 图像优化

如果用户不满意生成图像中的部分区域，通过 Vary (Region) 按钮更换不满意的区域。

在已生成的古堡画面中添加宝石和金币内容的具体操作步骤如下。

第 1 步 单击 Vary (Region) 按钮和选择套索工具，拖动工具圈定待修改区域，完成后单击【Submit】按钮，如下图所示。

第 2 步 单击【Submit】按钮后，输入"Add many jewels and gold coins on the ground"（在地上添加许多宝石和金币），使用宝石和金币替换圈选范围，如下图所示。

115

按照上述步骤进行操作,用户便可生成期望的动画电影图像。下面利用剪映制作动画效果并加上故事旁白,从而为动画电影注入生动的叙事元素。

7.3 使用剪映剪辑视频

下面演示如何在剪映中使用插入图像和动态移动效果设置方法实现画面运动的效果。此外,本节还将演示 ChatGPT 创作故事内容语音转换和视频字幕添加方法,使用这些方法能够融合全部元素创作完整视频。

7.3.1 导入素材:将生成的素材图像导入剪映

将生成的素材图像导入剪映的具体操作步骤如下。

第 1 步　启动剪映后在首页画面单击【开始创作】按钮(如下图所示)可进入视频编辑窗口。

第 2 步　在视频编辑窗口中单击【媒体】按钮,然后单击面板左侧的【导入】按钮,

如下图所示。

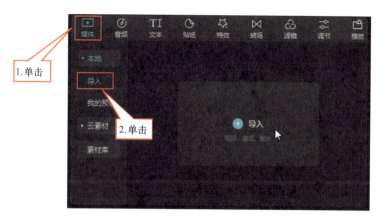

第3步 在对话框中选择素材图像，然后单击【打开】按钮，如下图所示，添加素材图像到项目中。

第4步 在媒体库中，选取素材图像缩略图并直接将其拖放至时间轴上，如下图所示，实现视频内容的组合与拼接。在这一过程中，播放器提供了实时预览功能，用户能够即时看到视频效果并根据实际要求微调细节。

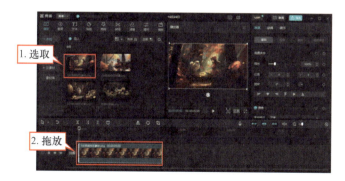

第5步 前面已将生成的素材图像的比例设置为16∶9，所以剪映中视频将以全屏形式显示。如果需要调整为其他比例，仅需在播放器下方单击 比例 按钮，如下图所示，再在弹出的菜单中选择所需比例。

第6步 视频编辑时，新创建的项目默认以创建日期命名，例如"4月26日"。该名称表示项目处于草稿状态。完成编辑关闭文件时，软件首页上以缩略图形式显示文件，便于快速访问。在视频上单击鼠标右键，在弹出的快捷菜单中选择【重命名】命令，如下图所示，完成重命名文件操作。重命名文件后，用户只需单击文件对应的缩略图便可打开文件继续编辑该项目。

7.3.2 导入文本：同步 AI 生成文本与视频

为确保图像与配音内容一致，将 ChatGPT 生成文本导入剪映，具体操作步骤如下。

第1步 选择 AI 模型生成文本，按【Ctrl+C】组合键复制文本，如下图所示。

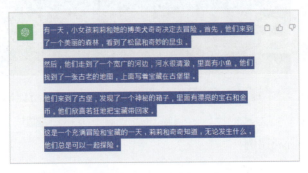

第2步 切换至剪映的视频编辑窗口,依次单击【文本】按钮和【默认文本】右下角的 + 按钮,完成插入预设的文本模板的操作,如下图所示。

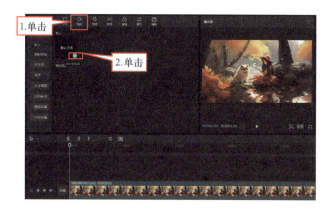

第3步 拖曳文本至时间轴,并根据需求调整文本以使其对应视频时长,如下图所示。

第4步 选中时间轴上的文本,【播放器】面板右侧便会显示【属性调节面板】,粘贴文字至文本框后,根据要求在【基础】选项卡中,设置字体、字号、样式及颜色等文本属性。当调整文本属性时,时间轴上的文本会实时显示更改效果,如下图所示。

7.3.3 视频配音:选择合适的旁白声音

在时间轴中添加好文本后,用户可以根据喜好为视频选择合适的旁白声音。

剪映的"朗读"功能提供了不同的声音供用户选择，包括朗读少儿故事的声音、古风男主的声音等。

第1步 在时间轴上单击文本，然后在【朗读】选项卡中选择喜欢的声音（选择时可预览声音效果）。选择完成后单击【开始朗读】按钮完成视频配音操作。

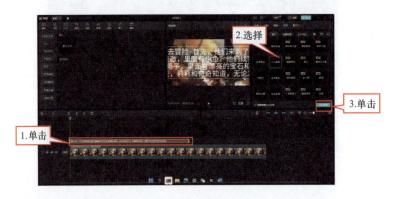

第2步 完成后即可在时间轴上看见配音添加效果。

7.3.4 视频拼接：按故事顺序排列场景

添加配音后，用户可以采用下面的步骤精细同步场景图像和配音，以确保视频故事连贯。

第1步 图像排序。如下图所示，根据故事情节发展，用户逐一选取预先制作完成的场景图像并按顺序将它们拖放到时间轴上。参照7.3.1小节中介绍的素材图像导入方法。

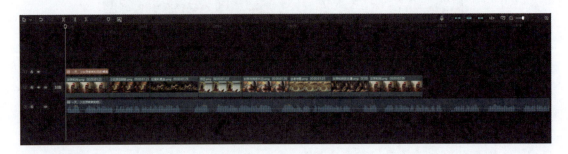

第2步 时长调整。导入素材后，拖动图像在时间轴上的左右边界，精确调整每张图像的播放时长以满足匹配配音节奏和故事情节的需求。

第 7 章 AI 模型与 Midjourney 协同创作动画故事

第3步 重复微调。对每个场景中的图像重复上述调整步骤，确保每张图像的播放时长都与配音节奏和故事情节保持一致。

第4步 连贯性拼接。调整全部图像的播放时长后，继续进行细致拼接，直至流畅串联起全部素材，形成一个统一而连贯的视频。

如下图所示，通过上述操作后拼接全部素材形成一段连贯且完整的视频。

7.3.5 设置关键帧：实现镜头拉近效果

在剪映中，关键帧用于控制视频或图层属性变化，如位置、缩放、旋转和透明度等。在剪映的【属性】调节面板中，打开【画面】选项卡下的【基础】选项卡，用户可以完成视频缩放和位置调整等操作。本节通过添加关键帧实现类似于拉动镜头以将画面逐渐拉近的效果。

用户在时间轴的两个不同时间点各设置一个关键帧完成创建例如画面随时间缩放的动态效果。第一个关键帧定义画面开始状态，第二个关键帧定义画面结束状态。剪映会在这两个关键帧间自动生成中间帧，实现画面平滑过渡效果。

第1步 拖动播放游标到视频开始位置，单击 ◇ 按钮，设置前关键帧为该时间点的画面。

第2步 拖动播放游标到视频快结束位置，单击 ◇ 按钮插入后关键帧，根据需求拖

动滑块调整缩放比例或修改其他相关设置。

第3步 按照上述操作设置开始关键帧与结束关键帧。单击【播放器】面板中的【播放】按钮▶，就可以看到人物逐渐拉近的动画效果。

原始画面　　　　　　　　　　　　　　　　拉近画面

7.3.6 添加字幕：自动生成视频字幕

在视频中添加字幕可以有效提升用户观看体验。使用剪映在视频中插入字幕的操作并不复杂。使用"智能字幕"功能可以轻松实现字幕自动识别和生成。

第1步 拖曳播放游标到视频开始位置，接着依次单击【文本】、【智能字幕】和【开始识别】按钮，即可开始创建视频字幕。

第 2 步 字幕识别完成后时间轴处会显示生成的字幕块。用户可以利用【基础】选项卡调整字体大小 / 样式。单击【播放器】面板中的【播放】按钮▶预览整个视频效果，如果对该效果感到满意，则单击视频编辑窗口右上角的【导出】按钮导出字幕。

第 3 步 在弹出的【导出】对话框中设置字幕标题和保存位置后，勾选【字幕导出】复选框，然后单击【导出】按钮导出字幕。

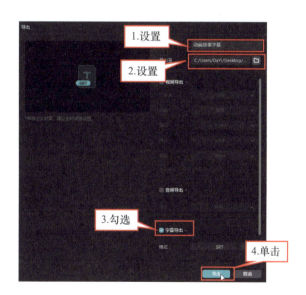

> 提示：为了确保字幕的安全性和可恢复性，建议将生成的字幕导出并保存为文件以备份。这样，当视频文件出现损坏或丢失时，字幕文件可直接应用到新视频文件中。

第 4 步 提示"字幕导出完成！"意味着字幕已导出，如下图所示。单击【打开文件夹】按钮可以查看该文件。

7.3.7 导出视频：把视频导出并保存到计算机

在视频制作完成后，用户可以把视频导出并保存到计算机中，具体步骤如下。

第1步 单击剪映的视频编辑窗口右上角的【导出】按钮。

第2步 在弹出的【导出】对话框中勾选【视频导出】复选框，用户可以根据需求设置导出参数，如分辨率、码率、编码、格式及帧率等，然后单击右下角的【导出】按钮，如下图所示。

第3步 如下图所示，软件显示导出进度便于实时了解视频导出状态。

第4步 导出完成后，用户可以将其发布到抖音或西瓜视频平台。如果要查看视频文件，可单击【打开文件夹】按钮，如下图所示。

第5步 在弹出的文件夹框中，即可看到导出的视频文件，如下图所示。

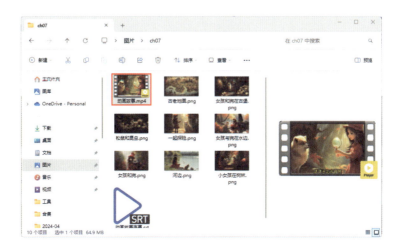

第 6 步 双击视频进行播放,如下图所示。

第8章

Midjourney AI 绘画不同类型提示词的应用实例

本章将详细解析 Midjourney AI 绘画不同类型提示词的应用实例，帮助读者深入领会如何巧妙运用 AI 技术，创作出色彩纷呈、充满创意的绘画作品，进一步发掘其创作的可能性。无论你是专业艺术家、设计师，还是对创作抱有浓厚兴趣的小白，这些内容都将成为你灵感的源泉，助你在艺术创作的道路上达到更高的境界。

8.1 艺术媒介

本节介绍 Midjourney AI 绘画在不同艺术媒介中的应用，包括传统绘画、油画、水彩画和现代数字艺术等。同时，本节将演示如何使用不同提示词生成不同风格的艺术作品，希望能为传统艺术家和数字艺术爱好者提供灵感。

使用以下提示词创作油画风格的风景画。

> ↳ **提示词** Landscape in oil painting style（中文：油画风格的风景画）

> ↳ **输出效果**

使用以下提示词能够创作水彩画风的鲜花图。

> ↳ **提示词** Watercolor flowers（中文：水彩画风的鲜花）

> ↳ **输出效果**

第 8 章　Midjourney AI 绘画不同类型提示词的应用实例

使用以下提示词能够创作现代抽象风格的艺术作品。

> ↘ **提示词**　Modern abstract artworks（中文：现代抽象风格的艺术作品）

> ↘ **输出效果**

以上作品实例展示了 Midjourney AI 绘画技术在多样化艺术领域中的运用能力及如何借助提示词来创作应用特定风格和主题的艺术作品。

8.2　具体化

所谓"具体化"指的是将抽象概念转换为直观的图像或符号，它在艺术创作过程中扮演着重要的角色。本节演示使用提示词引导 AI 创作出既形象又富有深意的具体化的艺术作品，从而让观众能够更加直观地理解作品并与其产生共鸣。

要生成一幅具体化的自由之翼作品，可以使用以下提示词。

↘ 提示词　Wings of liberty（中文：自由之翼）

↘ 输出效果

使用以下提示词能够创作具体化的抽象情感作品。

↘ 提示词　Abstract emotion（中文：抽象情感）

↘ 输出效果

使用以下提示词能够创作具体化科学理论的艺术作品。

> ↘ **提示词**　The artwork of concretizing science theory（中文：具体化科学理论的艺术作品）

> ↘ **输出效果**

以上作品实例展示了 Midjourney AI 绘画如何具体化抽象概念，并将其转化为引人注目的艺术品。借助提示词引导，用户可以创作出内涵丰富且有深度的艺术作品。

8.3　时光旅行

本节深入探讨 Midjourney AI 绘画在实现"时光旅行"主题方面的应用。时光旅行作为一个充满"魔力"的概念，能够带领观众跨越时空界限，沉浸在不同历史时期的文化氛围中，体验多样化的情感与美学变迁。而艺术正是实现这一奇妙旅程的绝佳媒介。使用 Midjourney AI 绘画工具的强大功能，结合恰当的提示词，用户能够创作一系列以时光旅行为主题的艺术作品，让观众在欣赏艺术作品的同时体验了一次仿佛穿越时空的奇妙旅程。

使用以下提示词能够创作描述古代城市景观的作品。

> ↘ **提示词**　Time travel to old city views（中文：时光旅行至古代城市景观）

↘ 输出效果

使用以下提示词能够创作展现未来技术的作品。

↘ 提示词　The technological wonders of the future world（中文：未来世界的技术奇观）

↘ 输出效果

使用以下提示词能够创作呈现情感化的作品。

> ↘ **提示词** Emotional time travel（中文：情感化的时光旅行）

> ↘ **输出效果**

以上作品实例展示了 Midjourney AI 绘画如何将时光旅行主题转化为艺术作品，并让观众感受到时间流逝和情感变迁。借助提示词引导，用户可以开启一扇通往历史深处、未来世界和情感世界的大门，进而创作出令人难以忘怀的艺术作品。

8.4 情感

情感是艺术的灵魂。艺术家常常通过作品抒发情感，例如喜、怒、哀、乐等。艺术作品成了情感交流的桥梁，能让观者共鸣。本节演示 Midjourney AI 绘画在表达情感方面的应用，借助提示词引导 AI 创作出富有情感深度的艺术作品，从而引发观众的深切共鸣。

使用以下提示词能够创作表达爱情的作品。

> ↘ **提示词** Artistic expression of love（中文：爱情的艺术表达）

⬇ 输出效果

使用以下提示词能够创作表达哀伤情感的作品。

⬇ 提示词　A work of art of sadness（中文：表达哀伤情感的作品）

⬇ 输出效果

使用以下提示词能够创作表达喜悦情感的作品。

第 8 章　Midjourney AI 绘画不同类型提示词的应用实例

↘ 提示词　Joyful works of art（中文：表达喜悦的艺术作品）

↘ 输出效果

使用以下提示词能够创作表达忧郁情感的作品。

↘ 提示词　Melancholy artwork（中文：表达忧郁情感的艺术作品）

↘ 输出效果

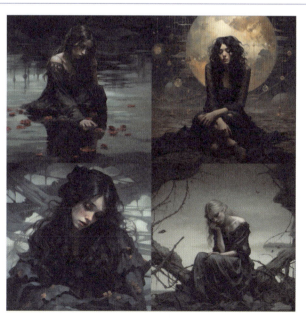

　　以上作品实例展示了 Midjourney AI 绘画如何将情感转化为引人入胜的艺术作品。无论表达的是悲伤、忧郁还是喜悦，这些作品都能触动观众的情感，带领观众进入情感世界。

8.5 色彩

色彩是艺术中极具表现力的元素之一,能够影响观众的情感、情绪和对作品的感受。本节演示如何使用提示词引导 AI 创作出色彩斑斓、充满活力的艺术作品,让观众沉浸在丰富多彩的世界中,体验色彩带来的无限魅力。

使用以下提示词能够创作暖色调风景画。

> ↘ **提示词** Landscape painting with warm colors(中文:暖色调风景画)

> ↘ **输出效果**

使用以下提示词能够创作冷色调抽象画。

> ↘ **提示词** Abstract artwork in cool colors(中文:冷色调的抽象艺术作品)

> ↘ **输出效果**

第 8 章 Midjourney AI 绘画不同类型提示词的应用实例

使用以下提示词能够创作色彩鲜艳的花卉作品。

> **提示词** Brightly colored flower paintings（中文：色彩鲜艳的花卉作品）

> **输出效果**

以上作品实例展示了 Midjourney AI 绘画如何运用色彩来创作多样风格的作品。借助提示词引导，用户可以轻松调整作品的色调和色彩，实现个性化创作，同时制造出令人惊叹的视觉效果。

8.6 环境

环境是艺术作品的核心元素之一，可以是自然风景、城市街道、室内场所和虚构世界等。本节演示如何使用提示词引导 AI 创作包含不同环境场景的艺术作品，探索它们所呈现的不同视觉风格。

使用以下提示词能够创作自然风景画。

> 提示词 Natural landscape painting（中文：自然风景画）

> 输出效果

使用以下提示词能够创作城市街道风景画。

> 提示词 City street landscape painting（中文：城市街道风景画）

> 输出效果

使用以下提示词能够创作科幻小说场景。

↘ **提示词** Sci-Fi fictional scene（中文：科幻小说场景）

↘ **输出效果**

以上作品实例展示了 Midjourney AI 绘画如何将各种环境场景转化为令人惊叹的艺术作品，同时捕捉并展现了多样化的风格与情感。通过使用提示词，用户可以轻松创建各种令人印象深刻的作品，并带领观众进入奇妙的艺术探索之旅。

8.7 作品风格

本节将深入探索 Midjourney AI 绘画技术在塑造作品风格方面的具体应用。艺术作品的风格不仅是艺术家创作个性的体现，更是其艺术审美和独特视角的展现。本节通过实例演示如何借助提示词的指引，让 AI 创作出涵盖从印象主义到抽象艺术等多种风格的艺术作品，让观众领略到艺术风格的多样性与丰富性。

使用以下提示词能够创作印象主义风格的高山风景作品。

↘ **提示词** Impressionistic alpine scenery（中文：印象主义风格的高山风景）

⭘ 输出效果

使用以下提示词能够创作抽象艺术风格作品。

⭘ 提示词　Abstract art style paintings（中文：抽象艺术风格作品）

⭘ 输出效果

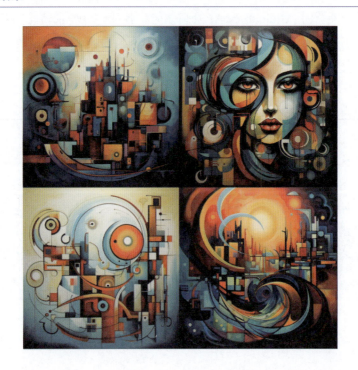

使用以下提示词能够创作写实主义风格的肖像画。

> ↘ **提示词** Realistic portraits（中文：写实主义风格的肖像画）

> ↘ **输出效果**

以上作品实例展示了 Midjourney AI 绘画如何根据不同提示词创作不同风格的艺术作品。用户可以使用不同的提示词进行探索并创作符合特定风格要求的艺术品。

8.8 光线

光线在绘画中扮演着至关重要的角色，不仅为作品注入深度与质感，还能营造氛围。本节演示如何使用提示词引导 AI 创作具有优秀光线效果的艺术作品，让观众感受到光影的魅力。

使用以下提示词能够创作夕阳下的沙滩风景画。

> ↘ **提示词** Beach landscape painting at sunset（中文：夕阳下的沙滩风景画）

↘ 输出效果

使用以下提示词能够创作展现阳光透过树叶洒落的效果的作品。

↘ 提示词　Effect of sunlight through leaves（中文：阳光透过树叶洒落的效果）

↘ 输出效果

使用以下提示词能够创作呈现城市夜晚街道灯光效果的作品。

> ↘ **提示词** City night street lighting effect（中文：城市夜晚街道灯光效果）

> ↘ **输出效果**

以上作品实例展示了 Midjourney AI 绘画技术如何依据不同的提示词，创造出具有优秀光线效果的艺术作品，用不同的光线效果为观众打造了一场视觉盛宴。用户通过调整提示词可以轻松调整作品的光影，进一步营造出多种令人惊叹的视觉效果。

8.9 视角

视角在绘画中扮演了极其关键的角色，不仅能影响观众对作品的感知，还能给观众带来不同的情感体验。本节演示如何使用提示词引导 AI 创作出不同视角的艺术作品，深入挖掘视觉表达的丰富性及影响力。

使用以下提示词能够创作鸟瞰城市风景画。

> ↘ **提示词** Bird's eye view cityscape painting（中文：鸟瞰城市风景画）

↘ 输出效果

使用以下提示词能够创作低角度的英雄场景。

↘ **提示词** Low angle heroic screen（中文：低角度英雄场景）

↘ 输出效果

使用以下提示词能够创作透过窗户欣赏室外风景的作品。

> ↘ **提示词** Exterior landscape painting through window（中文：透过窗户欣赏室外风景的作品）

> ↘ **输出效果**

以上作品实例展示了 Midjourney AI 绘画如何根据不同提示词创作出不同视角的艺术作品，让观众能够体验不同的观看角度。用户通过选择提示词可以从多样的视角叙事，从而提高艺术作品的表现力和深度。

第9章

常见艺术风格的应用实例

在本章中,我们精选了一系列流行的艺术风格,并通过详尽的案例分析来深入探讨每种艺术风格的独特魅力。我们将展示如何将这些艺术风格的特征巧妙地融合进艺术与设计创作之中,揭示其背后的创造潜力和实际应用这些艺术风格的可能性。希望这些内容能激发读者的灵感,帮助读者在创作过程中寻找新的思路。

9.1 现代与当代艺术风格

9.1.1 立体主义风格

立体主义（Cubism Style）风格以立体形态的多重视角和对几何形状的拆解为显著特征。这种风格旨在将物体或主体拆解为几何形状的碎片，并从多个角度同时进行展现，以表现复杂的立体视觉效果。

使用以下提示词能够创作出立体主义风格的作品。

> **提示词** Please create a cubism style portrait of a person's face broken down into geometric segments.（中文：请创作一幅将人脸拆解为几何形状碎片的立体主义风格的肖像作品。）
>
> Generate a cubism style painting of a cityscape, highlighting multiple buildings and streets from different viewpoints.（中文：创作一幅突出多个建筑物和街道不同视角的城市风景立体主义风格作品。）
>
> Create a still life painting in the cubism style, breaking the object into geometric parts to create a complex three-dimensionality.（中文：创作一幅拆解成多个几何形状部分物体且能表现复杂立体感的立体主义风格静物作品。）

> **输出效果**

使用上述提示词让 AI 创作出立体主义风格的作品，这些作品表现出多重视角和对几何形状的拆解，从而打造复杂立体感。这种风格常用于抽象艺术、肖像画和风景画等领域，不仅能激发观众的想象力，还能引发他们对于艺术和现实的深刻思考。

9.1.2 未来主义风格

未来主义（Futurism Style）风格强调科技、机械和现代化社会的特征。这种风格的作品常常以抽象化的机械形态、充满动感的线条、速度感的表现以及现代建筑的轮廓为显著特征，能够展现出对一个充满科技革新和实现未来愿景的世界的无限向往。

使用以下提示词能够创作出未来主义风格的作品。

> ↘ **提示词** Please create a futuristic cityscape painting that emphasizes modern architecture and technological elements.（中文：请创作一幅突出现代化建筑和技术元素的未来主义风格的城市景观作品。）
>
> Generate a futuristic image of a mechanical robot, highlighting the future development of technology and machinery.（中文：创作一幅突显技术和机械的未来发展的未来主义风格机械机器人作品。）
>
> Producing an abstract painting in a futuristic style, with a theme of dynamism, speed, scientific and technological elements to represent the rhythms of modern society.（中文：创作一幅以动感、速度和科技元素为主题，表现现代社会节奏的未来主义风格的抽象作品。）

> ↘ **输出效果**

使用上述提示词让 AI 创作出未来主义风格的作品，这些作品充分展现科技的力量、机械的精密以及现代社会的动态特征。通过这些作品，AI 不仅对现代化和充满未来感的世界进行了描绘，更对人类未来愿景和科技梦想进行了探索。未来主义风格常用于艺术创作、科技艺术和现代文化的探讨中。

9.1.3 抽象风格

抽象风格（Abstract Style）强调对现实世界的简化和抽象，在使用这种风格时，往往不直接描绘具体的物体或场景，而是通过强调形状、色彩、纹理和线条的纯粹表达，创造出超越具象的艺术画面。

使用以下提示词能够创作出抽象风格的作品。

> ↘ **提示词** Please create a painting in an abstract style, featuring undefined shapes and bright colors to express emotions.（中文：请创作一幅以不确定的形状和鲜艳色

彩为特征表达情感的抽象风格作品。）

　　Generate an abstract style landscape painting, transforming the elements of nature into abstract textures and forms. （中文：创作一幅将自然元素转化为抽象纹理和形态的抽象风格风景作品。）

　　Produce an abstract style portrait, using line and color to express the emotion and personality of the subject. （中文：创作一幅使用线条和色彩表达主体情感和个性的抽象风格的肖像作品。）

> 输出效果

　　使用上述提示词 AI 让创作出抽象风格的作品，这些作品大胆利用鲜艳的色彩展现出非具象形状的独特魅力，并进行了深层次的情感表达。抽象风格常用于抽象艺术、现代艺术和表达主观情感的艺术作品中。

9.1.4　表现主义风格

　　表现主义风格（Expressionism Style）以其深刻的情感内涵和强烈的艺术表达为特点。这种风格的作品常常通过夸张的笔触、鲜明的色彩和富有张力的形状，来传达艺术家的情感和心理状态。在表现主义风格的画作中，客观现实往往被主观感受所取代，艺术家通过作品向观者展示了一个充满情感色彩的世界。

　　使用以下提示词能够创作出表现主义风格的作品。

> 提示词　Please create an expressionism style portrait that emphasizes the emotions and inner world of the subject. （中文：请创作一幅突出主体情感和内在世界的表现主义风格的肖像作品。）

　　Generate an expressionism style abstract painting, using brushstrokes and colors to express emotions and feelings. （中文：创作一幅以笔触和色彩来表达情绪和感觉的表现主义风格的抽象作品。）

Produce a cityscape painting that transforms the business of the city into an emotional statement on canvas with expressionism style.（中文：创作一幅将城市的繁忙转化为画布情感的有表现主义风格的城市景观作品。）

 ↘ 输出效果

使用上述提示词让 AI 创作出表现主义风格的作品，这些作品具有强烈的情感张力并进行了深刻的情感表达。通过使用浓烈的笔触、鲜明的色彩和充满力量感的形状，这些作品将艺术家的内在情感转化为可见的外在形象。

9.1.5 波普艺术风格

波普艺术风格（Pop Art Style）以其鲜明的色彩、简化的图像和对流行文化的独特吸纳为特点。这种风格用充满活力的艺术主题对日常生活中的物品、人物、商业产品以及大众媒体中的图像重新进行诠释。波普艺术家们善于运用鲜艳的色块、清晰的轮廓和具有鲜明对比的色彩，创作出具有视觉冲击力并能引发文化反思的艺术作品。

使用以下提示词能够创作出波普艺术风格的作品。

 ↘ 提示词　Please create a pop art style painting featuring symbols and images from pop culture.（中文：请创作一幅以流行文化中的符号和图像为主题的波普艺术风格的作品。）

Generate a pop art style portrait using bright color blocks and print effects.（中文：创作一幅使用明亮色块和印刷效果的波普艺术风格的肖像作品。）

Create a pop art style merchandise ad that emphasizes the product and brand features and uses bold imagery.（中文：创作一幅强调产品和品牌特点并使用大胆图像的波普艺术风格的商品广告。）

输出效果

使用上述提示词让 AI 创作出波普艺术风格的作品，这些作品以鲜明的色彩、简化的图形和对流行文化的巧妙融合为特点，生动地体现出对大众文化的深刻反映和独到解读。波普艺术风格经常被运用于艺术创作、广告以及大众文化评论中。

9.1.6 极简主义风格

极简主义风格（Minimalism Style）是一种精简和抽象的艺术风格，这种艺术风格通过最少的设计元素和形式，传达出深远而强烈的视觉意义。极简主义风格的作品通常以干净利落的几何形状、鲜明的纯色块和简化的结构布局为标志，追求在极简形式中展现事物的本质和内在美。

使用以下提示词能够创作出极简主义风格的作品。

> **提示词** Please create a minimalism style artwork using simple geometric shapes and minimalist colors.（中文：请创作一幅使用简单几何形状和极简色彩的极简主义风格艺术作品。）
>
> Generate a minimalism style landscape painting that presents natural landscapes in pure lines and forms.（中文：创作一幅以纯粹线条和形状表现自然景观的极简主义风格的风景作品。）
>
> Produce an abstract painting in a minimalism style, emphasizing the minimalist pursuit of form and structure.（中文：创作一幅强调对形状和结构的极简追求的极简主义风格抽象作品。）

输出效果

使用上述提示词让 AI 创作出极简主义风格的作品，这些作品以简单的视觉元素和设计形式以及抽象的表现手法为特点，通过少量的设计元素传达丰富的内涵。极简主义风格的图像不仅展现对艺术和设计本质的追求，也体现对空间、色彩和形状的精心考虑。极简主义风格经常被运用于艺术创作、设计以及艺术哲学的讨论中。

9.1.7 街头艺术风格

街头艺术风格（Street Art Style）是一种源于城市街头的艺术表达方式，通常以涂鸦艺术、壁画和街头文化为特点。这种风格不仅突破了传统艺术的界限，更因其大胆的创意、对自由的追求和对社会议题的深刻反思而备受瞩目。街头艺术家们常常利用墙面作为画布，通过色彩鲜艳、形式多样的作品，传达出对社会问题的关注和对文化多样性的关注。

使用以下提示词能够创作出街头艺术风格的作品。

> ↘ **提示词** Please create a street art style mural that reflects the cultural identity and values of the local neighborhood.（中文：请创作一幅反映当地小区文化特征和价值观的街头艺术风格的壁画。）
>
> Generate a street art style graffiti artwork that expresses a view of city life.（中文：创作一幅表达对城市生活的看法的街头艺术风格的涂鸦艺术作品。）
>
> Produce a street art style painting on a social issue, emphasizing concerns about inequality and environmental issues.（中文：创作一幅强调关注不平等和环境问题的关于社会问题的街头艺术风格作品。）

> ↘ **输出效果**

使用上述提示词让 AI 创作出街头艺术风格的作品，这些作品充分展现街头艺术的创意精神、对自由的渴望以及对社会变革的思考。街头艺术风格常用于城市艺术、社会运动和文化表达中。

9.1.8 构成主义风格

构成主义风格（Constructivism Style）是20世纪初的一种现代艺术风格，强调几何形状、抽象性和机械感。这种风格的艺术家在艺术创作中大胆运用平面和立体元素，创造出既具有抽象性又兼顾功能性的设计作品，同时，对材料的本质和结构的创新以及对工业创作过程的精细关注是构成主义的核心特征。

使用以下提示词能够创作出构成主义风格的作品。

> ↘ **提示词** Create a constructivism style poster that represents an idea or movement in geometric shapes and bright colors.（中文：创作一幅以几何形状和鲜明色彩表现一种理念或运动的构成主义风格的宣传海报。）
>
> Produce a sculpture in the form of a monumental sculpture in constructivism style, using steel and other industrial materials to demonstrate modernity and functionality.（中文：创作一幅使用钢铁和其他工业材料表现现代性和功能性的构成主义风格的立体雕塑。）
>
> Create a constructivism style cityscape that presents an abstract aesthetic of skyscrapers, railroads and machinery.（中文：创作一幅表现高楼大厦、铁路和机械设施的抽象美感的构成主义风格的城市风景作品。）

> ↘ **输出效果**

使用上述提示词让AI创作出构成主义风格的作品，这些作品强调几何形状、抽象性和机械感，并使用鲜明色彩和简单结构，表现这一独特的艺术风格。构成主义强调现代性和实用性，并通过艺术表达对技术和工业的赞美。

9.1.9 达达主义风格

达达主义风格（Dadaism Style）是20世纪初的一种反传统、反艺术的艺术风格，强调艺术家的创意自由和对传统的反抗。这种风格通常采用荒谬、无秩序和出人意料的方式，将日常物品转化为艺术作品。这种风格的作品常常涉及政治和社会议题，并以讽刺和嘲笑来表达对当时社会状况的不满。

使用以下提示词能够创作出达达主义风格的作品。

> **提示词** Create a dadaism style painting that expresses the chaos and absurdity of modern life by combining disparate objects.（中文：创作一幅组合不同物体表达现代生活的混乱和荒谬的达达主义风格作品。）
>
> With the theme of satire, a dadaism style poster is produced to express the dissatisfaction and ridicule of the current situation.（中文：以讽刺为主题，创作一幅表达对当今形势的不满和讥笑的达达主义风格海报。）
>
> Transform everyday objects into dadaism style artworks that explore the extraordinary and the absurd in the ordinary.（中文：将日常物品转化为达达主义风格的艺术品，探索寻常事物的非凡和荒诞之处。）

> **输出效果**

使用上述提示词让 AI 创作出达达主义风格的作品，这些作品通过荒诞不经、看似无序的手法和具有讽刺意味的元素来传达深刻的思想和观念。达达主义作为一种反传统的艺术运动，挑战了艺术的界限和既有的社会规范，鼓励艺术家们以一种非传统和反抗性的方式进行自我表达。

9.1.10 超现实主义风格

超现实主义风格（Surrealism Style）是 20 世纪初的一种将现实世界中的元素重新组合，创造出荒诞、不可思议和超越现实的场景，强调梦境、幻想和非现实元素的艺术风格。这些风格的作品常常融合了梦幻般的景象、神秘的生物、超乎寻常的视觉效果以及违反常理的元素，展现了潜意识的力量和无限创造力。

使用以下提示词能够创作出超现实主义风格的作品。

> **提示词** Please create a surrealism style dreamscape that combines different elements and scenes to break the boundaries of reality.（中文：请创作一幅融合不同元素和场景并打破现实界限的超现实主义风格梦境作品。）
>
> Generate a surrealism style portrait that transforms the figure into an unusual creature.（中文：创作一幅将人物转变成不寻常生物的超现实主义风格肖像作品。）
>
> Create a surrealism style cityscape with fantastical elements and unlikely sights.（中文：创作一幅加入奇幻元素和不现实景象的超现实主义风格城市风景作品。）

> **输出效果**

使用上述提示词让 AI 创作出超现实主义风格的作品，这些作品融合不同元素，构建出充满梦幻色彩的情节和令人难以置信的视觉画面。超现实主义风格不仅常用于艺术创作、梦境表现和意象探索，还用于激发观众的想象力，挑战他们对现实世界的固有理解。

9.2 传统与古典艺术风格

9.2.1 国画风格

国画风格（Traditional Chinese Painting Style）源于我国传统绘画，因其独特的笔墨韵味和深远的意境传达而备受尊崇。这种风格常见于山水画、花鸟画等传统中国画作品中，不仅注重笔触的力度与节奏、墨色的深浅与浓淡，更追求画面所营造出的静谧与和谐。

使用以下提示词能够创作出国画风格的作品。

> **提示词** Please create a traditional Chinese painting style landscape painting depicting mountains, rivers and old trees.（中文：请创作一幅描绘山川、河流和古树的国画风格山水作品。）
>
> Produce a traditional Chinese painting style painting of flowers and birds, presenting the flowers and birds in a freehand brushwork.（中文：创作一幅以写意画法表现花朵和小鸟的国画风格的花鸟作品。）
>
> Produce a landscape painting with Chinese ink and watercolor, emphasizing the rocks and quiet lake.（中文：制作一幅突出山石和静谧湖泊的国画风格的风景作品。）

> **输出效果**

使用上述提示词让 AI 创作出国画风格的作品，这些作品充分展现我国传统绘画艺术的精髓，不仅展现出了灵动自由的笔触和表现力丰富的墨迹，同时还体现了画面的深远意境与静谧美感。国画风格广泛应用于艺术作品创作、文学插图等领域。

9.2.2 印象主义风格

印象主义风格（Impressionism Style）注重体现瞬间光影和色彩变化。这种风格的作品通常以看似随意的笔触、明亮而纯净的色彩以及对光线及其反射效果的特别关注为特点。

使用以下提示词能够创作出印象主义风格的作品。

> **提示词** Please create an impressionism style landscape painting that captures the light and color variations of a natural scene.（中文：请创作一幅体现自然景色的光影和色彩变化的印象主义风格的风景作品。）
>
> Generate an impressionism style cityscape featuring fleeting impressions of streets and buildings.（中文：创作一幅以街道和建筑物的瞬间印象为主题的印象主义风格的城市景观作品。）
>
> Create an impressionism style figure drawing that captures the portrait of the

person and the momentary atmosphere of their surroundings.（中文：创作一幅体现人物的肖像和周围环境的瞬间氛围的印象主义风格的人物作品。）

> 输出效果

使用上述提示词让 AI 创作出印象主义风格的作品，这些作品表现出体现瞬间光影和色彩变化的特征，营造出一种即时和瞬间的感觉。印象主义风格常用于艺术创作、风景画和情感的表达，这种风格的作品不仅能够体现自然景观的即时美感，也能够传达艺术家对世界的即时感受和情感体验。

9.2.3 新古典主义风格

新古典主义风格（Neoclassicism Style），作为 18 世纪末至 19 世纪初兴起的美术潮流，倡导古希腊和古罗马艺术的元素。这种风格追求对称、和谐、理性和简约，通常表现古典建筑、裸体人物、神话主题和优雅的线条，常见于绘画、雕塑、建筑和家具设计中。

使用以下提示词能够创作出新古典主义风格的作品。

> 提示词 Create a neoclassicism style historical scene including ancient Greek or Roman architecture, ancient mythological themes, and elegant figures.（中文：创作一幅包括古希腊或古罗马建筑、古代神话主题和优雅人物形象的新古典主义风格的历史场景作品。）
>
> Generate a neoclassicism style sculptural design that incorporates elements of ancient art, showing the beauty of symmetry and harmony.（中文：创作一幅融合古代艺术元素，展现对称和和谐之美的新古典主义风格的雕塑设计作品。）
>
> Create a neoclassicism style interior design that includes classical architectural elements, carvings and clean lines to present a classic and noble atmosphere.（中文：创作一幅包括古典建筑元素、雕刻和简洁线条，以表现古典和高贵感的新古典主义风格的室内设计作品。）

▽ 输出效果

使用上述提示词让 AI 创作出新古典主义风格的作品，这些作品突出古典建筑，常采用古代神话题材和优雅的线条，以此展现新古典主义风格的经典之美。新古典主义在建筑领域中占据重要地位，体现了人们对古代文化的敬仰和思考。

9.2.4 巴洛克风格

巴洛克风格（Baroque Style）这一流行于 17 世纪晚期至 18 世纪初期的艺术风格，以其奢华的装饰、错综复杂的形式、戏剧性的表现效果和深刻的情感渲染而闻名。巴洛克艺术在宗教和宫廷文化中占据了重要的地位，其影响力覆盖建筑、壁画、雕塑乃至音乐等多个领域。

使用以下提示词能够创作出巴洛克风格的作品。

▽ 提示词　Please paint a palace scene in baroque style to emphasize its splendor and magnificence.（中文：请以巴洛克风格绘制一幅皇宫场景，突显其华丽和宏伟。）

Create a huge cathedral in the baroque style, emphasizing its decoration and emotional expression.（中文：以巴洛克风格创作一座巨大的教堂，强调其装饰和情感表达。）

Create a dramatic and emotional baroque painting that emphasizes ornate decoration and intricate lines.（中文：创作一幅充满戏剧性和情感的巴洛克风格作品，强调华丽装饰和复杂线条。）

▽ 输出效果

使用上述提示词让 AI 创作出巴洛克风格的作品，这些作品表现出这一艺术风格的核心特征——充满戏剧性、情感丰富，以及偏好装饰性和华丽元素。巴洛克风格的作品通过强烈的视觉冲击和情感表达，引领观众进入一个动感且豪华的艺术世界。

9.2.5 哥特式风格

哥特式风格（Gothic Style）这一源自中世纪欧洲的艺术与建筑风格，以独特的氛围和深邃的神秘感为显著特点。这种风格在建筑、壁画和雕塑等艺术形式中均有体现，其标志性的元素和设计手法能够共同营造出一种超凡脱俗、令人敬畏的美感。

使用以下提示词能够创作出哥特式风格的作品。

> **提示词** Create a gothic style cathedral scene, emphasizing its shadowy atmosphere and intricate details.（中文：创作一幅强调昏暗氛围和复杂细节的哥特式风格大教堂场景。）
>
> Please incorporate elements of medieval gothic architecture into your artwork, including pointed arches, stained glass and cornices.（中文：请将包括尖拱门、花窗玻璃和飞檐的中世纪哥特式建筑元素融入艺术作品中。）
>
> Create a painting in the gothic style with dark black tones to emphasize its mystery and complexity.（中文：以哥特式风格创作一幅暗黑色调作品，突出它的神秘感和复杂性。）

> **输出效果**

使用上述提示词让 AI 创作出哥特式风格的作品，这些作品表现出哥特式艺术的精髓——昏暗而神秘的氛围，以及复杂精细的建筑细节。这种风格的作品可以将观众带入一个充满中世纪风情和宗教庄严感的艺术世界中。

9.2.6 洛可可风格

洛可可风格（Rococo Style）是 18 世纪流行的一种艺术风格，以优雅、轻盈和精致为特点。这个风格的作品常包括优美曲线、精致花卉和装饰性元素等，常常用于宫廷和贵族社会的室内设计、服饰等。

使用以下提示词能够创作出洛可可风格的作品。

> **提示词** Generate an elegant rococo style banquet scene, highlighting the delicate decorations and curves.（中文：以洛可可风格绘制一幅优雅的贵族宴会场景，突显精致的装饰和曲线。）
>
> Please create a portrait of a woman in the rococo style, emphasizing elegance and refinement.（中文：请创作一幅突出优雅和精致的洛可可风格的女性肖像作品。）
>
> Generate a beautifully painted view of the palace garden in the rococo style, including flowers and decorative elements.（中文：以洛可可风格绘制一幅包括花卉和装饰性元素的精美宫廷花园景观。）

> **输出效果**

9.3 装饰性与应用艺术风格

9.3.1 动漫风格

动漫风格（Anime Style）以其标志性的视觉特征和鲜明的卡通元素著称，这种风格的作品通常包括大眼睛、飘逸华丽的发丝、鲜艳夺目的色彩和清晰明快的线条。这种风格源自日本，常见于动画和漫画领域，并且已经超越国界，成为全球范围内广受追捧的艺术风格。动漫风格的核心魅力在于其对人物形象的可爱刻画和对表情变化的生动表现。

使用以下提示词能够创作出动漫风格的作品。

> **提示词** Please create an anime style female character under the sunset.（中文：请创作一个动漫风格的在夕阳下的女性角色。）

> Generate an anime style cityscape painting with cherry blossom trees and bright stars.（中文：创作一幅动漫风格的有樱花树和明亮星星的城市风景作品。）
>
> Make a cartoon style pet with big eyes and a cute smile.（中文：创作一个动漫风格的有大眼睛和可爱笑容的宠物形象。）

▼ 输出效果

使用上述提示词让 AI 创作出动漫风格的作品，这些作品不仅展现出鲜明的角色特征，还具有引人入胜的场景。这样的作品能够完美应用于动画制作、漫画绘制和其他与动漫风格相关的创作领域中。

9.3.2 科技风格

科技风格（Tech Style）强调现代科技和数字化特征，常见的设计元素包括几何形状、光影效果和数字等，这种风格在现代设计和数字艺术领域非常流行，它正以独特的未来感和科技感引领着视觉艺术的新潮流。

使用以下提示词能够创作出科技风格的作品。

> ▼ 提示词 Please create a technological cityscape that emphasizes high-tech architecture and brilliant lighting.（中文：请创作一幅强调高科技建筑和绚丽的灯光的科技风格城市景观。）
>
> Generate a tech style robot image with bright geometric shapes and a digital interface.（中文：创作一幅带有鲜明几何形状和数字界面的科技风格的机器人绘画。）
>
> Create a tech style digital painting that incorporates digital and light effects.（中文：创作一幅融合数字和光影效果的科技风格的数字绘画。）

> 输出效果

使用上述提示词让 AI 创作出科技风格的作品，这些作品包含现代科技元素，例如几何形状、数字化纹理和高科技外观。这种风格的作品不仅展现了科技美学的前沿趋势，也体现了对未来世界的想象。

9.3.3 复古风格

复古风格（Retro Style）的魅力在于其对过往时代的致敬，它通过运用复古色调、融入经典图案和再现老式外观，成功营造出一种时光倒流的感觉。这种风格的作品具有一种怀旧感，往往能够唤起人们对过去的美好时光的回忆。

使用以下提示词能够创作出复古风格的作品。

> 提示词　Please create a vintage style beach scene using nostalgic color tones and old-fashioned filter effects.（中文：请创作一幅使用怀旧色调和老式滤镜效果的复古风格的海滩场景。）
>
> Generate a family photo with a vintage camera effect to make it look like it was taken in the last century.（中文：创作一幅看起来像上个世纪拍摄的具有复古相机效果的家庭照片。）
>
> Create a vintage style poster using vintage fonts and vintage graphics.（中文：创作一幅使用复古字体和复古图案的复古风格海报。）

> 输出效果

使用上述提示词让 AI 创作出复古风格的作品，这些作品表现出独特的复古色调、经典老式纹理和怀旧氛围。复古风格常用于复古风格海报设计、复古风格照片设计或其他需要怀旧感的设计领域。

9.3.4 新艺术风格

新艺术风格（Art Nouveau Style）是一种在 19 世纪末至 20 世纪初兴起的艺术风格，以对流畅曲线、自然植物图案、优雅女性形象以及精美的装饰性元素的独特偏爱为显著特点。这种风格应用于建筑、家具、珠宝、插图乃至艺术品等多个领域，其核心理念在于追求艺术与自然的和谐统一。

使用以下提示词能够创作出新艺术风格的作品。

> ↘ 提示词　Generate an art nouveau jewelry design that emphasizes femininity and natural elements to highlight the unique artistic style.（中文：创作一幅强调女性和自然元素且突显独特艺术风格的新艺术风珠宝设计作品。）
>
> Create an art nouveau illustration that includes elegant curves and botanical motifs to showcase the beauty of decorative art.（中文：创作一幅包括优雅的曲线和植物图案以展现装饰性艺术之美的新艺术风插图作品。）
>
> Produce an art nouveau cityscape that blends architectural and natural elements to create an artistic and harmonious scene.（中文：创作一幅融合建筑和自然元素以营造出具有艺术性且和谐的场景的新艺术风城市风景作品。）

> ↘ 输出效果

9.3.5 野兽主义风格

野兽主义风格（Fauvism Style）是在 20 世纪初的艺术运动中诞生的，它主张对色彩进行大胆运用，通常忽略物体的自然颜色，转而使用鲜明、非现实色彩以表达情感和感觉。这种风格的作品采用了许多生动且抽象的元素，常常使用红色、绿色、蓝色等鲜艳的色彩。

使用以下提示词能够创作出野兽派风格的作品。

> **提示词** Create a fauvism style abstract painting that emphasizes bright colors and unrealistic imagery.（中文：创作一幅强调鲜艳色彩和非现实画面的野兽主义风格的抽象作品。）
>
> Generate a fauvism style landscape painting that uses bright colors and vivid brushstrokes to show the power of the natural landscape.（中文：创作一幅使用明亮色彩和生动笔触展现自然景观力量的野兽主义风格的风景作品。）
>
> Produce a fauvism style portrait, using unconventional colors to highlight the emotions and qualities of the subject.（中文：创作一幅使用非传统色彩来突显主体情感和特质的野兽主义风格的肖像作品。）

> **输出效果**

使用上述提示词让 AI 创作出野兽主义风格的作品，这些作品强调激情和生命力，是一种具有挑战性和独特性的艺术风格，这种风格的作品能让观众感受到色彩的力量并产生情感上的共鸣。

9.4 绘画技法与视觉艺术风格

9.4.1 水彩风格

水彩风格（Watercolor Style）以其色彩的流动性和纹理的柔和而闻名，这种风格能表现水彩画独有的艺术效果。这种风格的作品特别擅长于描绘色彩间的柔和过渡，以及水彩特有的湿润和渗透质感，为观者带来一种清新脱俗的视觉体验。

使用以下提示词能够创作出水彩风格的作品。

> **提示词** Please create a watercolor style landscape painting depicting a lake and trees at sunset.（中文：请创作一幅描绘夕阳下的湖泊和树木的水彩风格的风景作品。）

> Generate a watercolor style floral painting, featuring different types of flowers in soft colors.（中文：创作一幅以柔和色彩表现不同种类花朵的水彩风格的花卉作品。）
>
> Create a watercolor style portrait of a person that looks like it was painted with watercolors.（中文：创作一幅画面看起来像用水彩笔绘制的水彩风格的人物作品。）

> ↘ 输出效果

使用上述提示词让 AI 创作出水彩风格的作品，这些作品表现出柔和细腻的色彩搭配、如水般流动的纹理效果，仿佛是出自艺术家手中的真实水彩画作品。水彩风格非常适用于各类艺术品创作，它们不仅能够传递出一种温柔和富有情感的视觉语言，还能够为观者带来一种宁静与和谐的感受，让他们仿佛置身于一个充满诗意和美感的艺术世界。

9.4.2 素描风格

素描风格（Sketch Style）以简洁的笔触和黑白色调为显著特点，通常表现出类似手绘素描的效果。这种风格的作品突出轮廓和线条，强调主题的形态和结构。

使用以下提示词能够创作出素描风格的作品。

> ↘ 提示词 Please create a sketch style cityscape painting featuring buildings and streets.（中文：请创作一幅以建筑物和街道为主题的素描风格的城市景观作品。）
>
> Generate a sketch of a person to make it look hand-drawn, highlighting facial features and expressions.（中文：创作一幅看起来像手绘的并突出面部特征和表情的人物素描作品。）
>
> Create a sketch-style landscape painting featuring mountains and lakes, incorporating natural elements and details.（中文：创作一幅以山脉和湖泊为主题，融入自然元素和细节的素描风格的风景作品。）

◆ 输出效果

使用上述提示词让 AI 创作出素描风格的作品，这些作品具有笔触简洁、黑白对比鲜明、轮廓清晰等特点。素描风格常用于插画、人像画等领域。这种风格不仅能够为作品赋予一种独特的手绘质感，还能够展现出艺术家对光影、空间和比例的敏锐洞察力和在绘画上的精湛技艺。

9.4.3 新印象主义风格

新印象主义（Neo Impressionism Style），又称"点彩派"，以独特的绘画技法——点状笔触为显著特征。艺术家们通过运用细小紧密的色点来构图，这些色点在观众的视线中巧妙地交织、混合，从而在一定距离下形成清晰、生动的图像。

使用以下提示词能够创作出点彩派风格的作品。

◆ 提示词　Create a neo impressionism style landscape painting with small dotted brushstrokes to create the effect of light filtering through.（中文：创作一幅以小点状笔触营造光线透射效果的新印象主义风格的风景作品。）

Create a neo impressionism style still life, emphasizing subtle color variations and light and shadow effects.（中文：创作一幅强调细微色彩变化和光影效果的新印象主义风格的静物作品。）

Produce a neo impressionism style portrait, using small dots to express the characteristics and emotions of the person being painted.（中文：创作一幅使用小点状笔触表现被绘画人物特征和情感的新印象主义风格的肖像作品。）

◆ 输出效果

使用上述提示词让 AI 创作出新印象主义风格的作品，这些作品通过小点的细致笔触来表达光线、色彩和细节，表现出独特的艺术风格。新印象主义强调观众的远近观感，使观者在不同距离下体验到画作不同的美感。

9.4.4 幻想风格

幻想风格（Fantasy Style）是以奇幻为主题的艺术风格。这种风格的作品通常会融合各种超现实元素，如神秘魔法生物、梦幻魔法建筑和充满童话色彩的故事场景等，这些元素共同构建了一个超越现实的艺术空间，让人沉浸于无尽的想象之中。

使用以下提示词能够创作出幻想风格的作品。

> **提示词** Create a fantasy style painting featuring magical creatures, enchanted forests, and fantastical castles.（中文：创作一幅包括神奇生物、魔法森林和奇幻城堡的幻想风格作品。）
>
> Generate a piece of art inspired by fairy tales with elements of magic and adventure.（中文：创作一幅以童话故事为灵感具有魔法和冒险元素的艺术作品。）
>
> Please incorporate the scenes and elements of the dream world into your painting so that the audience can feel the mystery and wonder.（中文：请将梦幻世界的场景和元素融入作品中，让观众感受到神秘和奇妙。）

> **输出效果**

使用上述提示词让 AI 创作出幻想风格的作品，这些作品将观众带入一个充满梦幻色彩和超现实景象的世界。在这种风格的作品中，现实与想象交织，创造出超凡的视觉体验，激发观者深层的想象力和对未知世界的探索欲望。

第10章

艺术家风格的应用范例

艺术是人类文明的瑰宝之一，它凝聚了创造力、想象力和情感。艺术家们的作品对后世产生了深远的影响。本章将介绍一些艺术家及其作品。这些艺术家的作品不仅具有很高的艺术价值，而且对文化、科学及社会生活产生了显著影响。深入了解各个时期的艺术特点以及艺术家们的个人风格和绘画技巧并将这些风格运用到创作中，能够更高效地进行创作。本章将带领读者走进这些艺术家的世界，探索他们的艺术作品，了解其独特视角和表现手法。

10.1 文艺复兴时期

文艺复兴时期是艺术史上的一个重要时期，这个时期出现了许多著名的艺术家，包括莱奥纳多·达·芬奇、米开朗琪罗和拉斐尔，他们的作品至今仍然受到广泛的赞誉。以下介绍这些艺术家的风格、Midjourney 提示词和作品输出范例。

10.1.1 莱奥纳多·达·芬奇

莱奥纳多·达·芬奇（Leonardo da Vinci），文艺复兴时期的全能艺术家，既是优秀的画家，又是优秀的科学家和工程师。他的作品充满了精细细节和科学知识，常常展现出自然界之美。

使用以下提示词能够创作出莱奥纳多·达·芬奇风格的作品。

> ↘ **提示词** Create a painting, in the style of Leonardo da Vinci, depicting a marvelous scene in nature, including detailed plants and animals, as well as elements of science.（中文：创作一幅具有莱奥纳多·达·芬奇风格的作品，描绘自然界中的奇妙场景，包括精细的动植物和科学元素。）

> ↘ **输出效果**

10.1.2 米开朗琪罗

米开朗琪罗（Michelangelo）是一位文艺复兴时期的传奇雕塑家和画家，他的作品多以宗教和神话为主题，作品中的人物形象具有强烈的意志与力量。

使用以下提示词能够创作出米开朗琪罗风格的作品。

> ↘ **提示词** Create a painting, in the style of Michelangelo, depicting an ancient Roman mythological scene, including strong emotional expression and magnificent architectural details.（中文：创作一幅描绘古罗马神话场景，具有强烈情感表现并包含壮丽建筑细节，具有米开朗琪罗风格的作品。）

> ↘ **输出效果**

10.1.3 拉斐尔

拉斐尔（Raphael）是文艺复兴时期的杰出画家，在宗教画和人物画方面具有出色成就。其作品中对于人物形象的刻画非常精湛，呈现出一种平衡之美。

使用以下提示词能够创作出拉斐尔风格的作品。

> ↘ **提示词** Create a painting, in the Raphaelian style, depicting a religious scene or a portrait of a person, emphasizing harmony, balance, and mastery of character.（中文：创作一幅拉斐尔风格的宗教场景或人物肖像，强调和谐、平衡和对性格的掌握。）

> ↘ 输出效果

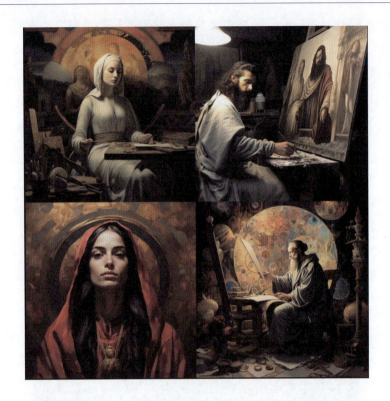

10.2 巴洛克时期

巴洛克时期是欧洲艺术史上一段极具魅力的篇章，这一时期的作品以浓烈的情感表达和奢华的装饰风格为显著特征。这个时期有许多艺术家，包括卡拉瓦乔和彼得·保罗·鲁本斯，他们的作品凭借自身的戏剧张力和宏伟气势成为艺术史上不朽的传奇。

10.2.1 卡拉瓦乔

卡拉瓦乔（Caravaggio）是巴洛克时期的画家。他的作品多采用现实主义风格，常常包含戏剧性场景，呈现出强烈的明暗对比，表达浓烈的情感。

使用以下提示词能够创作出卡拉瓦乔风格的作品。

> ↘ 提示词 Create a painting in the style of Caravaggio, depicting a dramatic scene, emphasizing contrasts of light and dark and realism, showing strong emotions.（中文：创作一幅描绘戏剧性场景，强调明暗对比和现实主义，表现浓烈情感，具有卡拉瓦乔风格的作品。）

> 输出效果

10.2.2 彼得·保罗·鲁本斯

彼得·保罗·鲁本斯（Peter Paul Rubens），巴洛克时期绘画艺术的杰出代表，常常描绘丰富的人物和场景，作品多采用豪华装饰元素，风格宏伟。

使用以下提示词能够创作出鲁本斯风格的作品。

> 提示词 Create a painting, in the style of Peter Paul Rubens, depicting a grandiose scene, including richly detailed figures and decorations, displaying the luxury and grandeur of the baroque style.（中文：创作一幅描绘包括细致的人物和装饰，展现巴洛克风格的奢华和宏伟的彼得·保罗·鲁本斯风格的作品。）

> 输出效果

10.3 浪漫主义时期

浪漫主义时期是艺术史上一个充满情感和想象力的时期，这个时期涌现出许多艺术家，包括欧仁·德拉克洛瓦和弗朗西斯科·戈雅等，他们追求自由、个性，热爱自然。

10.3.1 欧仁·德拉克洛瓦

欧仁·德拉克洛瓦（Eugène Delacroix）是浪漫主义时期的画家，其作品色彩丰富，常常描绘表现激烈情感的历史场景和战争情景。

使用以下提示词能够创作出德拉克洛瓦风格的作品。

> ↳ 提示词　Create a painting, in the style of Eugène Delacroix, depicting a battle scene or an intense historical event, highlighting the emotional intensity and richness of color.（中文：创作一幅欧仁·德拉克洛瓦风格的作品，描绘战争场景或激烈历史事件，突出情感的激烈和色彩的丰富性。）

> ↳ 输出效果

10.3.2 弗朗西斯科·戈雅

弗朗西斯科·戈雅（Francisco Goya）是浪漫主义时期的绘画大师，其作品充满黑暗和幻想，通常反映社会和政治的议题；其风格非常个性化，充满神秘感。

使用以下提示词能够创作出戈雅风格的作品。

> ↳ **提示词** Create a painting, in the style of Francisco Goya, depicting a dark and fantastical scene, reflecting social or political issues, presenting a sense of mystery and individuality.（中文：创作一幅弗朗西斯科·戈雅风格的作品，描绘黑暗和幻想场景，反映社会或政治议题，呈现神秘感和个性化风格。）

> ↳ **输出效果**

10.4 现实主义时期

现实主义运动是 19 世纪的一个重要艺术运动,现实主义时期的艺术家们倾向于描绘现实生活和社会景观,重点表现真实性和日常生活。这个时期出现了许多艺术家,包括古斯塔夫·库尔贝和让 - 弗朗索瓦·米勒。

10.4.1 古斯塔夫·库尔贝

古斯塔夫·库尔贝(Gustave Courbet)是现实主义运动的代表,他的作品常描绘普通人的生活和自然景观,并注重真实感和自然光的运用。

使用以下提示词能够创作出库尔贝风格的作品。

> ↘ **提示词** Create a painting in the style of Gustave Courbet, depicting a natural landscape or rural scene, with an emphasis on realism and the use of natural light, demonstrating the characteristics of realism.(中文:创作一幅古斯塔夫·库尔贝风格的作品,描绘自然景观或农村场景,注重真实感和自然光的运用,同时表现现实主义特征。)

> ↘ **输出效果**

10.4.2 让-弗朗索瓦·米勒

让-弗朗索瓦·米勒（Jean-François Millet）是现实主义画家，他的作品多描绘农村生活和农民劳动场景，强调农民的辛劳并展现现实生活。

使用以下提示词能够创作出米勒风格的作品。

> ↘ **提示词** Create a painting in the style of Jean-François Millet, depicting a rural scene or the life of a farmer, emphasizing the hard work of the farmer and the realities of life, showing the characteristics of realism.（中文：创作一幅让-弗朗索瓦·米勒风格的作品，描绘农村场景或农民生活，强调农民的辛劳和现实生活，同时表现现实主义特征。）

> ↘ **输出效果**

10.5 印象主义时期

印象主义是19世纪60年代兴起的艺术流派，在印象主义时期，艺术家们倾向于捕捉光线和色彩的瞬间变化，强调对自然景观的个人感受和印象。这个时期出现了许多艺术家，包括克劳德·莫奈和皮埃尔-奥古斯特·雷诺阿。

10.5.1 克劳德·莫奈

克劳德·莫奈（Claude Monet）是印象主义运动的先驱，专注于捕捉光线和色彩在不同时间和环境下的变化，其作品强调明亮色彩和光的应用效果。

使用以下提示词能够创作出莫奈风格的作品。

> ↘ **提示词** Create an outdoor landscape painting in the style of Claude Monet, emphasizing the play of light and color, and the bright hues of natural scenery.（中文：创作一幅克劳德·莫奈风格的户外风景作品，强调光线和色彩变化和自然景观的明亮色彩。）

> ↘ **输出效果**

10.5.2 皮埃尔-奥古斯特·雷诺阿

皮埃尔-奥古斯特·雷诺阿（Pierre-Auguste Renoir）是印象主义艺术家之一，其作品以柔和色调、优雅女性形象和生动情感为显著特征。

使用以下提示词能够创作出雷诺阿风格的作品。

> ↘ **提示词** Create a painting, in the style of Pierre-Auguste Renoir, depicting an outdoor scene or an elegant woman, emphasizing soft tones and vivid emotions.

（中文：创作一幅皮埃尔-奥古斯特·雷诺阿风格的作品，描绘户外场景或一位优雅的女性，强调柔和的色调和生动的情感。）

↘ 输出效果

10.6 后印象主义时期

后印象主义时期是艺术史上一个充满个性和创意的时期，艺术家们追求内在情感的表达和对色彩的独特理解。这个时期出现了许多艺术家，包括文森特·凡·高和保罗·高更。

10.6.1 文森特·凡·高

文森特·凡·高（Vincent van Gogh）是后印象主义画家，他的作品以独特笔触和强烈色彩为显著特点，其中充满情感和内在表现。

使用以下提示词能够创作出凡·高风格的作品。

↘ 提示词 Create a painting in the style of Vincent van Gogh, depicting a landscape or still life, with an emphasis on unique brushwork and strong colors that express inner emotions.（中文：创作一幅文森特·凡·高风格的作品，描绘风景或静物，强调独特笔触和强烈色彩，表达内在情感。）

⬇ 输出效果

10.6.2 保罗·高更

保罗·高更（Paul Gauguin）是后印象主义画家，其作品充满明亮色彩和具象化元素，多描绘异国情调和梦幻场景。

使用以下提示词能够创作出高更风格的作品。

> ⬇ **提示词** Create a painting in the style of Paul Gauguin, depicting an exotic scene or dreamscape, with an emphasis on bright colors and figurative elements.（中文：创作一幅保罗·高更风格的作品，描绘异国情调或梦幻场景，强调明亮色彩和具象化元素。）

⬇ 输出效果

10.7 立体主义时期

立体主义运动是 20 世纪初的一个重要艺术运动，立体主义时期的艺术家们通过将物体分解为基本几何形状，以多角度表现事物，强调对空间和立体感的探索。这个时期有许多著名艺术家，包括毕加索和乔治·布拉克。

10.7.1 毕加索

毕加索（Pablo Picasso）是立体主义运动的重要代表，其作品常常以多角度和分解的形式表现事物，强调对空间和立体感的表达。

使用以下提示词能够创作出毕加索风格的作品。

> ↳ **提示词** Create a painting, in the style of Picasso, depicting an object or scene, breaking it down into multiple geometric shapes, emphasizing three-dimensionality and spatial representation.（中文：创作一幅毕加索风格的作品，描绘物体或场景，将其分解为多个几何形状，强调三维和空间表现。）

> ↳ **输出效果**

10.7.2　乔治·布拉克

乔治·布拉克（Georges Braque）是立体主义运动的重要代表，其作品强调几何形状和多重视角的融合，探索了物体的多层次性。

使用以下提示词能够创作出布拉克风格的作品。

> ↘ **提示词**　Create a painting, in the style of Georges Braque, that depicts an object or scene, incorporating geometric shapes and multiple perspectives, exploring its multilayered nature.（中文：创作一幅乔治·布拉克风格的作品，描绘一个物体或场景，融合几何形状和多重视角，并探索其多层次性。）

> ↘ **输出效果**

10.8 抽象表现主义时期

抽象表现主义运动是20世纪中期的一个重要艺术运动，抽象表现主义时期的艺术家们重视艺术的自由表达和情感表达，常常以抽象的方式表现内心世界。这个时期内有许多艺术家，包括杰克逊·波洛克和马克·罗思柯。

10.8.1 杰克逊·波洛克

杰克逊·波洛克（Jackson Pollock）是抽象表现主义的代表，擅长滴洒和抽象的技巧，他的作品充满动态感和情感。

使用以下提示词能够创作出波洛克风格的作品。

> ↘ **提示词** Create a painting in the style of Jackson Pollock, using dripping and abstract techniques to express the free flow of movement and emotion.（中文：创作一幅杰克逊·波洛克风格的作品，使用滴洒和抽象的技巧，表现运动和情感的自由流动。）

> ↘ **输出效果**

10.8.2 马克·罗思柯

马克·罗思柯（Mark Rothko）是抽象表现主义的重要代表，其作品以多层次的色彩区块和情感表达为显著特征。

使用以下提示词能够创作出罗思柯风格的作品。

> ↘ **提示词** Create a painting in the style of Mark Rothko, using multi-layered blocks of color to express an abstract representation of emotion and the inner world.
> （中文：创作一幅罗思柯风格的作品，使用多层次的色彩区块，抽象地表现情感和内心世界。）

> ↘ **输出效果**

10.9　现代及当代艺术时期

现代及当代艺术时期是艺术发展中极具多样性和创新的阶段，各种风格和媒介被艺术家大胆尝试。这个时期的代表艺术家包括安迪·沃霍尔和弗朗西斯·培根，他们的作品具有多样性和独创性。

10.9.1　安迪·沃霍尔

安迪·沃霍尔（Andy Warhol）是现代及当代艺术的代表，他擅长平面设计和肖像画，作品多采用波普艺术风格，充满了大胆的颜色和大众文化的元素。

使用以下提示词能够创作出安迪·沃霍尔风格的作品。

> **提示词** Create a painting, in the style of Andy Warhol, featuring bold colors and elements of popular culture, which could be a pop art style portrait or any bold graphic design.（中文：创作一幅具有安迪·沃霍尔风格的作品，具有大胆、鲜明的色彩和大众文化元素，可以是波普艺术风格的肖像画或任何大胆的平面设计。）

> **输出效果**

10.9.2 弗朗西斯·培根

弗朗西斯·培根（Francis Bacon）在现代及当代艺术界极具影响力，其作品以强烈的情感表达、人物形象的变形以及混乱的视觉元素为显著特征，经常涉及人物画和解构主义风格。

使用以下提示词能够创作出弗朗西斯·培根风格的作品。

> **提示词** Create a painting, in the style of Francis Bacon, depicting a figure drawing or scene with elements of emotion, metamorphosis, and chaos, characteristic of the deconstructionist style.（中文：创作一幅弗朗西斯·培根风格的人物画或场景作品，具有情感、变形和混乱元素并表现解构主义风格特征。）

◢ 输出效果

10.10 灵活运用艺术家风格

在深入探索各个时期的艺术家风格后，便可以将这些风格所具有的独特的艺术特点融入待创作的作品中。下面以实例演示如何灵活运用艺术家风格。

10.10.1 以图生成主人物，背景融入艺术家风格

以下图为例，如果希望在小男孩背后呈现类似古罗马时代的建筑景观，可以采用以图生图的方法，将主人物图像上传至 Midjourney 作为参考。在众多艺术家中，米开朗琪罗的作品大量表现古罗马场景的雕塑和壁画。因此，这里让 Midjourney 生成具有米开朗琪罗风格的古罗马场景。

> **提示词** Using the characters as protagonists, the background is created as an ancient Roman scene in the style of Michelangelo to bring out the magnificent architectural details.（中文：以人物为主角，背景创作为能够表现壮丽建筑细节并具有米开朗琪罗风格的古罗马场景。）

> **实现步骤**

在 Midjourney 中，先单击➕按钮上传图像，再将图像和提示词一起加入【Prompt】框中便可生成图像，具体操作步骤如下。

第1步 单击➕按钮，在弹出的菜单中，选择【上传文件】命令，如下图所示。

第2步 在弹出的【打开】对话框中选择图像，单击【打开】按钮，将图像上传至【Prompt】框中。

第3步 如下图所示，上传图像显示在 Midjourney 中。

第4步 在文本框中输入"/",在弹出的列表中选择"/imagine"命令。

第5步 单击图像并将其拖曳至【prompt】框中,这样可以将图像网址加入提示词中。

第6步 空格后,将"Using the characters as protagonists, the background is created as an ancient Roman scene in the style of Michelangelo to bring out the magnificent architectural details."提示词粘贴到文本框中,按【Enter】键。

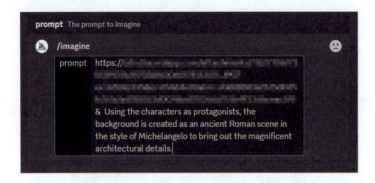

第7步 如下图所示,生成一个站在古罗马建筑物前穿牛仔衣男孩的图像。

10.10.2 使用混合模式与 Vary 功能修改画面

若生成的图像存在不尽如人意之处,可以使用混合模式和 Vary 功能对其进行细节调整与优化。

在生成的 4 张图像中,若对右下角图像感到满意,但不想要图右侧意外出现的一位穿红衣的路人,可以先单击【U4】按钮放大右下角图像。放大图像后可在图下方看到调整选项,正如右下图展示的那样,从而进行进一步的编辑和调整。

第1步 执行"/settings"命令，随后在弹出的窗口中单击【Remix mode】按钮，当按钮变为绿色表明启用混合模式。

第2步 启用【Remix mode】后，单击大图下方的 Vary (Region) 按钮。

第3步 选择套索工具，拖动工具圈选图像移除区域，同时在工具旁的文本框中输入替代提示词。例如，在文本框中输入【Delete】，单击⊙按钮执行。

第4步 如下图所示，经过两次修改，最终创建的图像中不再出现穿红衣的路人。

掌握上述操作技巧后，用户创作图像时便能够把艺术家的独特风格进行融合。例如，以左下男孩图像为参考，融入皮埃尔-奥古斯特·雷诺阿风格的竹林，即可呈现右下图效果。

参考图　　　　　　　　　　　　生成图

> **➥ 提示词** With the boy as the main character, create a painting with a bamboo forest as the background of the character in the style of Pierre-Auguste Renoir, emphasizing soft tones and vivid emotions（中文：以画面中的男孩为主角，创作一张以皮埃尔-奥古斯特·雷诺阿风格的竹林为背景的作品，强调柔和的色调、生动的情感。）

生成大图后，用户通过 Vary (Region) 按钮选取背景中的竹林，接着输入提示词，例如"Add loose flower petals to the background"（为背景加入飘散花瓣），以此生成新画面。

选取竹林并加入提示词

竹林中飘落着花瓣

第Ⅱ章

AI 绘画在生活与商业领域的应用范例

在数字化浪潮的推动下,AI 已悄然融入生活的每个细节,成为我们不可或缺的伙伴。它不仅极大地提升了生活的便利性,更以其创新力量拓展了我们的想象边界。

本章将引领读者深入探索 AI 在日常生活的"食、衣、住、行、乐"五大领域以及商业领域的广泛应用,揭示 AI 如何丰富我们的视觉体验并重塑我们与世界的互动方式。

AI 绘画技术在生活与商业领域的应用范例,将展示 AI 如何在商业展览、品牌建设、产品开发等方面发挥其多维价值。本章将通过具体案例分析介绍 AI 技术如何深刻影响现代生活和商业实践,为读者呈现一个充满创新与可能的未来图景。

11.1 食

饮食不仅是生活一大乐趣,也是文化的重要组成部分。如今,AI 正以前所未有的方式影响我们的餐饮体验。本节将带领读者共同探索两个令人赞叹的 AI 应用:智慧食谱配图和营养均衡分析图。这些应用不仅能为我们带来视觉享受,还能帮助我们深入了解食物的营养价值,让饮食选择更加科学和健康。

智慧食谱配图:根据食谱描述生成相应的食物图像

随着社交媒体的蓬勃发展,食谱分享已经成为一种潮流。现在,AI 可以根据食谱描述,生成精美的食物插画或图像。

> ↘ **提示词** Generate a delicious food illustration based on the following recipe description: a tender grilled chicken breast, drizzled with a rich, creamy mushroom sauce, and a vegetable salad on the side.(中文:根据以下食谱描述,生成一幅美食插画:柔嫩的烤鸡胸肉淋上浓郁的奶油蘑菇酱,旁边摆放蔬菜沙拉。)

> ↘ **输出效果**

使用上述提示词引导 AI 创作出一幅与食谱描述相符的食物插画,展现出了美味烤鸡胸肉与奶油蘑菇酱的诱人。

11.2 衣

衣（Clothing）不仅是外在形象的展示，更是个性与风格的体现。本节将探讨 AI 在时尚界的创新应用，包括虚拟时尚设计稿和智能搭配建议图。这些前沿技术不仅为时尚设计的流程带来了创新，更让我们能轻松自如地塑造个人风格。

11.2.1 虚拟时尚设计稿：帮助设计新颖服装款式

服装设计历来是一个既耗时又费资源的过程。现在，在 AI 的辅助下，设计师能迅速设计新颖服装款式，从而加快时尚设计的速度。接下来利用 AI 创作一份虚拟时尚设计稿。

> ↘ **提示词** Create a fashion design that includes a fashion model wearing an innovative clothing style. The style should be modern and futuristic to emphasize fashion. You can use any colors and elements to show creativity and uniqueness.（中文：请创作一份时尚设计稿，设计稿包括一位穿着创新服装的时尚模特。这套服装融合现代感和未来感以突显时尚。可以任意使用色彩和元素以展示创意和独特性。）

> ↘ **输出效果**

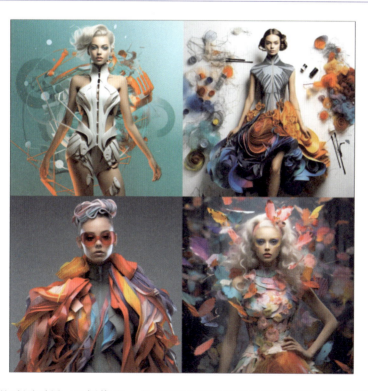

使用上述提示词引导 AI 创作出一份展现时尚新趋势的创新服装时尚设计稿。

11.2.2 智能搭配建议图：根据用户现有服饰提供搭配建议

着装搭配是大多数人日常生活中所面临的一大挑战。AI 技术能够依据用户个人偏好，结合用户现有服饰，提供个性化的搭配建议。接下来，探讨如何利用智能搭配建议图轻松打造个性化装扮，并彰显独特风格。

> ↘ **提示词** Please generate a smart matching suggestion image based on the following user's clothes: white shirt, blue jeans and red sneakers. This user needs a fashionable outfit for going out. Please design a fashionable and comfortable outfit, including accessories, to show your personal style and taste. （中文：请根据用户的衣服：白色衬衣、蓝色牛仔裤和红色运动鞋创作一幅智能搭配建议图。该用户需要一套适合外出的时尚搭配。设计一个既时尚又舒适的服装搭配方案，包括配饰，以凸显其个人风格和品味。）

> ↘ **输出效果**

使用上述提示词引导 AI 创作出一幅智能搭配建议图，展现基于用户现有服饰进行的时尚搭配，有助于用户出门时更加自信和时尚。

11.3 住

居住环境是人们日常生活的一个重要组成部分，AI 技术正在助力我们更加高效地规划与设计住宅。接下来，我们将探讨 3D 家居布局图和智能家居控制面板设计，应用这些技术将提高设计舒适住宅的效率。

11.3.1 3D 家居布局图：根据用户需求创建家居布局方案

不同用户在家居布局上的需求不同，因此设计一个符合个性化需求的家居布局至关重要。AI 能够根据用户需求和空间特点创作 3D 家居布局图，帮助用户更好地了解家居设计效果。本小节介绍 3D 家居布局图改善家居设计的过程。

> ↘ **提示词**　Please create a 3D home layout based on the needs of the following users: a modern living room with a large sofa, an entertainment center, and enough space for family and friends to gather. Please consider lighting, colors and furnishings to create a comfortable and modern living environment.（中文：请基于下列用户需求创建一幅 3D 家居布局图：有一个现代风格客厅，包括一张大沙发、一个娱乐中心和足够供家人和朋友聚会的空间。同时考虑光线、色彩和摆设以营造一个舒适且现代的居住环境。）

> ↘ **输出效果**

使用上述提示词引导 AI 创作出一幅 3D 家居布局图，该布局图满足用户的需求，客厅功能齐全，展示现代风格。

11.3.2 智能家居控制面板设计：帮助控制智能家居系统

智能家居技术的应用无疑极大提升了生活的便捷性，而智能家居控制面板设计作为与智能家居系统互动的关键接口，大大简化了家居管理工作，让日常操作更加智能高效。下面使用 AI 设计一个智能家居控制面板。

> **提示词** Please design an interface for a smart home control panel for controlling smart devices in your home. This control panel should be intuitive and easy to use and include features such as home lighting, thermostat control, security systems and media entertainment. Please ensure that the interface is modern and provides convenient control in a smart home environment.（中文：请设计一个控制家中智能设备的智能家居控制面板接口。控制面板直观且易于使用，包括家庭照明、恒温控制、安全系统和媒体娱乐等功能。同时请确保接口具有现代感并能在智能家居环境中实现便捷控制。）

> **输出效果**

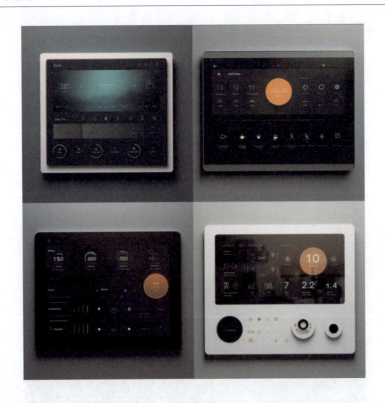

使用上述提示词引导 AI 创作出一个现代化且易于使用的智能家居控制面板接口，用于控制家中各种智能设备并提供便捷家居控制体验。

11.4 行

行（Transportation）无疑是现代生活的关键组成部分，而 AI 正在助力我们更加深入地了解与管控交通流态。本节将探讨智能交通流分析图和虚拟汽车设计稿。应用这些前沿技术能极大提升出行体验。

11.4.1 智慧交通流分析图：帮助分析和预测交通流量

城市交通拥堵和安全问题一直是全球性的重大问题。利用 AI 技术我们能够更好地分析和预测交通流量，进而改进交通管理方式。下面学习设计一幅智能交通流分析图以帮助城市更有效地规划交通。

> ↘ **提示词** Please create an Intelligent Traffic Flow Analysis (ITFA) map to analyze and predict the traffic flow on a major road in a city. The map should include data such as traffic volume, traffic peaks and average speeds during different time periods. Please use modern charts and visual elements so that traffic professionals can quickly understand and make traffic management decisions accordingly.（中文：请创建一幅智慧交通流分析图，主要分析和预测城市某主要道路的交通流量。该图显示不同时间段车流量、交通峰值和平均速度等数据。请使用现代图表和视觉元素，以便交通专业人员能快速理解并做出相应交通管理决策。）

> ↘ **输出效果**

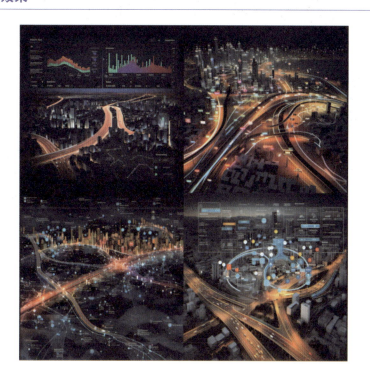

使用上述提示词引导 AI 创作出一幅智慧交通流分析图，该图展示了城市某主要道路的交通情况，并能提供有用数据来协助交通管理和决策。

11.4.2 虚拟汽车设计稿：帮助设计新的汽车模型

汽车作为日常生活中的重要交通工具，其设计过程正受到 AI 影响。这里简要探索虚拟汽车设计稿的应用。

> ↘ **提示词** Please create a futuristic virtual car design. The car should be a blend of modern technology and eco-friendly concepts with high efficiency and low emissions. Please incorporate innovative body styling, lighting system and wheel design to create an appealing concept car.（中文：请创作一份具有未来感的虚拟汽车设计稿。该汽车融合现代科技和环保理念，并具有高效能、低排放特点。请结合创新车身造型、照明系统和车轮设计以设计出一辆概念车。）

> ↘ **输出效果**

使用上述提示词引导 AI 创作出一份未来感十足且具有创新性的虚拟汽车设计稿，它能够融合现代科技和环保理念并为未来汽车设计提供灵感。

11.5 乐

娱乐（Recreation）是生活中不可或缺的部分，而 AI 已经为娱乐领域带来新的可能。本节介绍虚拟音乐会场景设计和智慧型游戏角色设计。

11.5.1 虚拟音乐会场景设计：帮助设计音乐会或活动的场景

音乐会与活动场景设计本身就是一种艺术，而 AI 为其带来了新创意维度。下面利用 AI 设计一个虚拟音乐会场景。

> ↘ **提示词** Please design a Virtual Concert Scene. The scene should create a memorable musical experience, including stage design, lighting effects, sound configuration, and audience seating layout. Please ensure that the scene is unique and visually appealing to attract the audience to the musical event.（中文：请设计一个虚拟音乐会场景。该场景应营造令人难忘的音乐体验，包括舞台设计、灯光效果、音响配置和观众席布局。同时请确保场景具有独特性和视觉吸引力，以便吸引观众参加音乐活动。）

> ↘ **输出效果**

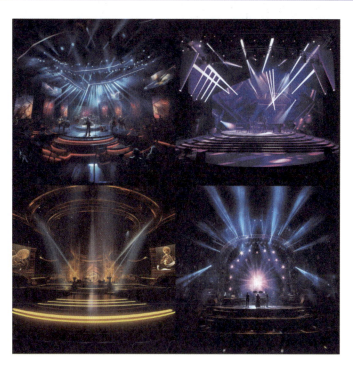

使用上述提示词引导 AI 创作出一个令人难忘的虚拟音乐会场景。

11.5.2 智慧型游戏角色设计：帮助建立和设计游戏中的角色

在游戏领域，角色设计对于塑造独特的游戏体验至关重要，而 AI 正日益成为该领域的革新力量。下面学习设计一个智慧型游戏角色。

> **提示词** Please design a smart game character that will be used in an upcoming game. This character should have a unique appearance, special skills and backstory that will engage the player and provide an interesting game experience. Please make sure the character design fits the theme and style of the game and is visually appealing.(中文：请设计一个智慧型游戏角色，该角色用于即将推出的游戏中。该角色有独特的外貌、特殊的技能和背景故事，以便吸引玩家并提供有趣的游戏体验。同时请确保角色设计符合游戏主题和风格，且具有视觉吸引力。)

> **输出效果**

使用上述提示词引导 AI 创作出一个独特且有视觉吸引力的智慧型游戏角色，为即将推出的游戏增添视觉和故事元素。

11.6 商业展览

在商业展览这一领域，AI 技术的应用开辟了一条提升展览效率和增强参展品牌影响力的创新路径。AI 技术的应用范畴极广，应用它不仅能够设计出吸引眼球的产品宣传海报，还能高效地规划展览空间的布局。

AI 通过增强参展商与观众之间的互动体验，为展览策划者提供了坚实的数据支撑，并激发了无限的创意灵感。本节将探讨 AI 在商业展览中扮演的关键角色，包括视觉设计、展览场地的布局规划等。

11.6.1 产品海报设计

在商业展览中，优秀的产品海报是吸引观众的关键。通过深入分析品牌特性和市场动态，AI 技术能够打造出既引人入胜又深具传播力的海报。它超越了简单算法的应用，深入学习了品牌精髓和美学风格，为品牌在展览中的亮相增添光彩。

借助 Midjourney AI 绘画工具，设计师得以将品牌独有的视觉元素与当下流行趋势巧妙融合，创作出既能体现品牌个性又能触动市场神经的视觉杰作。通过精确的提示词引导，AI 能够自主生成一系列多样化的设计方案，这极大加快了创意的孵化过程，并显著提升了设计工作的效率。

> **提示词** Design a technological and futuristic themed product poster for [TECO], combining blue and silver brand colors, emphasizing innovation and high performance, suitable for the main vision of the Electronic Technology Exhibition, the style should be modern and visually impactful, including the wordings of [TECO], Midjourney AI style. --ar 4：7（中文：为【TECO】设计一张融合科技感与未来主义风格的产品海报，运用品牌标志性的蓝色与银色配色，突出创新精神与卓越性能。此海报旨在成为电子科技展览的主视觉焦点，采用现代化且视觉冲击力强的设计风格，同时巧妙融入【TECO】品牌字样，体现 Midjourney AI 的艺术风格。）

> **输出效果**

11.6.2　3C用品及家电展位配置图

在3C用品及家电等专业展览中，展位配置图的布局将直接影响参观者的体验和参展商的成交率。如今，借助AI技术，用户可以根据历史资料、人流和参观者偏好来设计展位。AI不仅能提供实用的布局建议，还能绘制在视觉上吸引人的展位配置图，这给展览设计师带来了极大便利并提供了大量灵感。

> ↘ **提示词**　Create a 3C & Home Appliance Show booth layout that combines elements of modern technological styles to show efficient foot traffic flow and product interaction areas. The layout should include display booths, interactive areas, lounge areas and product experience areas, and ensure that each section is easy to access and attracts visitors' attention.（中文：创作一个3C用品及家电的展位配置图，结合现代科技风格，展示高效人流和产品互动区域。展位配置图包含展台、互动区、休息区和产品体验区，同时确保每部分都易于访问且能吸引参观者。）

> ↘ **输出效果**

11.7　品牌建设

在当前激烈的商业竞争中，品牌建设正逐步成为企业争夺市场份额的核心战略。一个标志性的品牌不仅能够提升顾客忠诚度，还能显著提升企业形象，吸引投资者和优秀人才。

在品牌建设过程中，品牌视觉识别系统扮演了重要的角色，它是企业与顾客沟通的视觉纽带。同时，广告作为推广品牌和产品的主要手段，其设计质量直接关系到企业市场表现。本节探讨如何运用 AI 技术在这两个方面进行创新和优化。

11.7.1 品牌视觉识别系统

品牌视觉识别系统是企业形象的核心，涵盖从 logo 到配色方案、字体和图像风格等全部视觉元素。这些元素共同塑造了品牌的外在形象并对品牌的内在价值进行传达。以往建立一套完整视觉识别系统的工作较复杂，但借助 AI 应用就变得简单很多。AI 通过学习品牌的核心价值和目标市场的特征，可以为企业提供一套量身定做的视觉识别方案，从而打造出具有独特个性和市场吸引力的品牌形象。

> ↘ **提示词** Create a visual identity system for a technology company brand. The requirements are modern and dynamic, including a unique logo design, fonts and color scheme that fit the brand image. The style needs to convey innovation and reliability, while appealing to young consumers and demonstrating Midjourney AI's creativity and sophistication. （中文：创作一个科技公司品牌的视觉识别系统，要求系统具有现代感且充满活力，该系统包括个性化 logo 设计和与品牌形象相匹配的字体和色彩方案。整体风格应传递出创新与可靠性，同时吸引年轻消费者，并能够展现 Midjourney AI 的创造力和细致度。）

> ↘ **输出效果**

11.7.2 智能广告设计稿

在广告行业当前的数据驱动浪潮中，AI赋能智能广告设计为品牌提供了定制化、目标明确且具有吸引力的广告解决方案。这种融合创意与数据分析的方案能够精准捕捉目标顾客群体的细微偏好，并通过精确信息传递提高广告的互动性和影响力。无论是针对社交媒体广告、在线横幅，还是针对传统印刷媒体，智能广告设计都能迅速应对市场变化，为企业带来前所未有的竞争优势。

> **提示词** Design a series of online and offline advertisements for an eco-sustainable start-up brand, which needs to present a green theme and at the same time resonate with the lifestyle of young people. The design should show freshness, energy, and a sense of harmony between technology and nature. Keywords include: "eco-friendly","innovative technology", "young fashion". --ar 16：9（中文：请为一家致力于生态可持续性的新兴品牌设计一套用于线上与线下平台的广告，能够体现绿色环保主题，同时与年轻人的生活方式形成共鸣。设计稿应该体现出清新、活力以及科技与自然和谐共存的理念。关键词包含"生态友好""创新科技""年轻时尚"。）

> **输出效果**

11.8 产品开发

产品开发是企业展现创新能力和增强市场竞争力的核心要素。现在，AI不仅能参与产品从设计到实现的全过程，还能显著提高产品开发速度和产品品质。尤其是在高科技产品与日常消费品领域，AI应用可以迅速将创意转化为实体原型，并利用智能分析预测产品设计的市场反响。本节将讨论 AI 在 3D 产品原型设计与封面设计方面的应用案例。

11.8.1　3D 产品原型设计

随着 AI 技术不断发展，3D 产品原型设计不再局限于传统方式。特别是在科技车辆领域，AI 赋能设计师快速构思并实现具有创新性的车辆设计。利用 AI 从概念到模型的每一步都变得更加迅速与精准，显著缩短产品从设计到生产的整个周期。这一技术革新不仅促进新产品设计的可能性，也为企业开辟了一条既高效又具有成本效益的研发新路径。

> ↘ **提示词**　Create a 3D technology vehicle prototype that incorporates the latest technology, a futuristic design and an eco-friendly powertrain. The prototype needs to be streamlined and intelligently interconnected. Emphasis is placed on innovation and high efficiency, as well as safety and comfort. Keywords include: "futuristic", "green energy", "smart technology", "safety". （中文：设计一个融合尖端科技的 3D 科技车原型，该原型应体现未来主义的设计风格，并搭载环保动力系统。车辆需为流线型，同时集成智能互联功能。设计时要突出创新性与高效能的双重优势，同时不忽视对安全性与舒适性的考量。关键词涵盖"未来感""绿色能源""智慧科技""安全"。）

> ↘ **输出效果**

11.8.2 智能手机封面设计

在当今快节奏的消费市场中，产品外观设计是吸引消费者注意力的关键因素。AI 通过对数据的深入挖掘，能够迅速提供多样化且高度定制化的设计方案，助力品牌在众多竞争产品中脱颖而出，从而有效提升品牌的市场竞争力。

> ↘ **提示词** Design a smartphone cover targeting the young generation, combine contemporary pop elements with a sense of technology and reflect the spirit of vitality and innovation. Add the following elements: "youthful vigor", "technology", "pop culture", "market trend". （中文：设计一个专为年轻一代打造的智能手机壳，该设计加入当代流行元素，融入强烈的科技感，同时体现活力与创新精神。融入以下关键元素："青春活力""科技感""流行文化""市场趋势"。）

↘ **输出效果**